TESLA MOTORS

테슬라 전기자동차
강력한 파워와 아름다움의 비밀

테슬라(TESLA)社의 **150여개 특허(特許)**,
그 속에 숨겨진 세상을 뒤집는 **신(新)기술**을 소개한다.

창성특허 대표변리사 / 공학박사
배 진 용 저

더하심 출판사

💡 목차

책을 내면서 ……………………………………………………… 1

제1장. 어..!! 정말 특이한 전기자동차가 세상의 돌풍을 일으키네.. …………………………………………… 4

1-1. 어..!! 정말 특이한 전기자동차가 세상의 돌풍을 일으키네.. ……………………………………………… 5
1-2. 전기자동차의 최초 발명과 그 쇠퇴(1824년~1920년) …… 9
1-3. GM社의 혁신과 실패(1990년~2000년) ………………… 17
1-4. 전기자동차 최신 기술개발 현황 ……………………… 21
1-5. 테슬라(TESLA) 전기자동차의 인기 비결 …………… 36

제2장. 테슬라(TESLA) 전기자동차!!! 강력한 파워와 아름다움의 비밀(秘密) ………… 45

2-1. 150여개 특허(特許)를 앞세우고 한국 상륙작전 중 …… 46
2-2. 차체(車體) 외관과 관련된 디자인 및 특허 기술 ……… 57
2-3. 모터 냉각과 관련된 특허 기술 ………………………… 70
2-4. 배터리 배치와 관련된 특허 기술 ……………………… 91
2-5. 배터리 냉각, 예열 및 관리와 관련된 특허 기술 ……… 111
2-6. 테슬라 루디크로스(Ludicrous) 모드[제로백 2.5초]의 비밀, 유도전동기 특허 기술 ………………………… 133
2-7. 슈퍼 충전기와 관련된 특허 기술 ……………………… 147

제3장. 세계 최고의 기술은 철학(哲學, Philosophy)에서 시작된다. …………………………………………… 176

3-1. 엘론 머스크의 사업에 녹아있는 철학(哲學) ………… 177

부록 ·· 198
　부록1. 전력전자학회 학술대회 논문 ················· 199
　부록2. 대한전기학회 학술대회 논문 ················· 201
　부록3. 전력전자학회 학술지 논문 ··················· 206
　부록4. 한국모바일학회 우수논문상 수상 ············· 215

책을 내면서

이 책은 테슬라(TESLA) 전기자동차와 필자(筆者)의 특별한 인연(因緣)을 시작으로 저술하게 되었다. 테슬라(TESLA)의 특별한 만남은 2015년 가을로 거슬러 올라가서 시작되었다. 필자(筆者)는 그 당시 대한민국 특허청의 전기분야 특허심사관(사무관)으로 재직하고 있었고, 테슬라 전기자동차 핵심특허 분석을 위해서 2015~2016년 미국으로 연수를 가게 되었다. 그리고 연수 보고서를 작성하기 위하여, 테슬라社의 150여개의 모든 특허를 검토하였고, 테슬라 전기자동차의 아름다움, 강력한 파워(Power) 그리고 기술적 매력에 흠뻑 취하여 돌아오게 되었다.

2016년 12월 필자(筆者) 특허청을 퇴직하고, 서울 서초동에 위치한 창성(昌盛)특허법률사무소의 변리사로서 제2의 인생을 시작하면서, 테슬라(TESLA) 전기자동차에 대한 감동을 많은 사람들과 나누고 싶은 생각에 월간전기에 "전기자동차 기술 및 특허동향-테슬라 자동차를 중심으로"라는 제목으로 시리즈 기고를 시작하였다. 월간전기를 통하여 시리즈 기고가 결정된 2017년 1월, 그 당시에는 아직 테슬라 전기자동차가 대한민국에 본격적으로 판매되지 않았다. 하지만, 첫 번째 기고문을 월간전기에 보내고, 얼마 후인 2017년 3월 15일 경기도 하남시에 위치한 하남 스타필드에 테슬라 전기자동차 매장이 드디어 오픈(Open)하게 되어서, 테슬라 전기자동차와의 아주 특별한 인연은 계속되고 있다. 2017년 7월 전력전자학회 학술대회를 통하여 "테슬라(TESLA) 전기자동차 핵심 기술동향"이라는 제목으로 논문을 발표하였고, 국내·외 수많은 전문가들과 함께 테슬라 전기자동차에 대하여 토론하였고, 2017년 10월 전력전자학회 논문지(Journal)에 게재되었다.

이제 필자(筆者)에게 큰 감동을 전해준 테슬라(TESLA) 전기자동차의 보석과 같은 핵심 기술을 이 책을 통하여 많은 독자(讀者) 여러분과 가벼운 마음으로 나누고자 한다. 그리고 지금 이 세상을 리드(Lead)하고, 자동차의 개념을 바꾸고 있는 전기자동차라는 신(新)기술의 세계로 여러분을 안내하고자 한다.

어쩌면, 테슬라(TESLA)社의 회장인 엘론 머스크(Elon Reeve Musk)가 만든 테슬라 전기자동차는 마치 스티브 잡스(Steve Jobs)의 스마트 폰(Smart Phone)처럼 세상을 열광하게 만들고 있다. 이 책은 수많은 사람들이 테슬라(TESLA) 전기자동차에 대하여..

왜? 열광하고...
왜? 감동하게 되었는지...
왜? 세계 최고의 전기자동차가 탄생했는지...

전기기계 및 전력전자(전력변환) 분야의 특허기술 전문가이며, 특허청의 전기분야 특허심사관(사무관)으로 테슬라(TESLA) 전기자동차 특허 분석을 총괄했던, 필자(筆者) 경험을 바탕으로 독자 여러분에게 재미있고, 쉽게 설명해줄 것이다.

테슬라(TESLA) 전기자동차의 수많은 보석과 같은 비밀은
▷ 테슬라(TESLA)社의 특허(特許) 속에 고스란히 녹아 있다.

여러분도 이 책을 통하여 함께 느껴보시길 바란다.
어쩌면 세계 최고의 혁신적인 기술이라는 것은 어려운 공식과 복잡한 계산보다는 아주 단순하지만, 근본적인 발상을 뒤집는 것에서 출발한다.
모든 사람이 "안 된다" "불가능하다" "어렵다"라고 말하는 그 한계 속에 창의적인 대안을 마련하는 것이 바로 혁신인 것이고, 그 혁신의 결과는 세상을 열광하게 만든다.

그리고 테슬라(TESLA)社는 전 세계에 급부상 중인 기업으로서, 특허전문가인 필자(筆者)가 보기에 성공하는 기업의 특허출원 전략은 테슬라社처럼 해야만 반드시 성공한다고 말하고 싶다. 테슬라社는 세계적으로 성장하는 기업의 가장 성공적인 모델을 보여주고 있다.

이 책은 테슬라 전기자동차의 단순한 시승기 또는 엘론 머스크(Elon Reeve Musk) 회장의 리더쉽(Leadership)을 말하고자 하는 것이 아니다. 어쩌면 그러한 책과 동영상은 이 세상에 너무나 많은 것 같다.

테슬라(TESLA)社의 150여개 특허, 그 속에 숨겨진 세상을 뒤집는 신(新)기술

바로 이 책을 통하여 여러분은 파워(Power)가 약한 전기자동차의 한계를 발상의 전환을 통하여 아름답게 뛰어넘는 테슬라 자동차와 엘론 머스크(Elon Reeve Musk)의 도전을 보게 될 것이며, 감동하게 될 것이다.

제1장
어..!! 정말 특이한 전기자동차가 세상의 돌풍을 일으키네..

* 2015년 12월 미국 테슬라 매장 및 자동차 정비소를 방문했을 때 필자(筆者)가 직접 촬영한 사진임(모델 S)

* 미국 캘리포니아 주(州)의 프레몬트(Fremont)에 위치한 테슬라 공장

1-1. 어..!! 정말 특이한 전기자동차가 세상의 돌풍을 일으키네...

자동차는 현대 사회에 가장 중요한 교통수단이라고 할 수 있고, 마치 현대 사회에서 스마트 폰(Smart Phone)과 같이 생활에 선택이 아니라 필수적인 물품이 되었다. 이러한 자동차는 인간에게 편리하고 윤택한 생활을 제공해 주고 있지만, 공기오염 및 지구환경 파괴에 가장 주된 원인이 되고 있다.

우리의 생활에서 자동차라는 것이 없다면 어떻게 되었을까?? 그나마 대한민국의 서울처럼 지하철이 발달한 도시의 경우는 많은 사람들이 지하철을 이용했겠지만, 미국 등 땅이 넓은 나라의 경우 자동차는 마치 신발과 같은 존재라고 할 수 있을 것이다.

도로의 대부분을 가솔린(Gasoline) 또는 경유차(Diesel) 자동차가 달리는 현재, 최초의 자동차에 대해서 아직도 많은 사람들은 가솔린 자동차라고 오해하시는 분들이 있는 것 같다. 하지만, 분명한 것은 최초의 자동차는 완전 무(無)공해 자동차인 전기자동차이다.

우리나라에서 자동차 산업은 1990년대 이후에 경제성장을 주도한 제조업의 핵심 산업으로서, 지난 20년간 연평균 6.0%의 성장세를 지속하고 있으며, 고용, 생산, 수출 등 국민경제에서 차지하는 비중이 10%에 달하는 국가경쟁력의 근간이 되고 있다[1].

전 세계적으로 자동차 산업의 이슈(issue)는 환경, 안전, 에너지에 관한 것으로서, 석유자원 고갈, 지구온난화 및 환경오염 등 유한(有限)자원과 환경보호의 필요성으로 인하여 내연기관 자동

---

1) 김정욱, 미국 자동차 산업현황 및 전망, 지식경제부, 한국산업기술진흥원, 2012. pp. 6.

차에서 친환경 전기자동차로 이행 중이다. 친환경 전기자동차는 자동차의 엔진구조가 기존 엔진과 같은 연소로부터 에너지를 얻는 구조가 아닌 전기에너지를 통해 구동되는 모터가 설치된 자동차이며, 배기가스나 환경오염이 없으며, 소음도 작다는 장점을 가지고 있다.

미국은 2008년 이후에 전 세계 금융위기로 인하여 2008년부터 2010년 사이에 미국 자동차 산업은 생(生)과 사(死)를 오가는 상황을 맞았고, 미국의 3대 자동차 제조업체[2] 중에서 적어도 두 업체는 미국 정부의 도움이 없었다면, 그대로 파산하고 말았을 것이다. 미국 정부는 자동차 제조업체들을 상대로 보다 연료 효율성이 뛰어난 차량 생산을 독려했으며, 미국 에너지부(DOC)를 통해서 자동차 제조업체들에게 친환경 전기자동차 생산과 연계하여 다양한 대출금과 보조금 지원을 해주었다[3].

또한, 오바마 대통령은 2011년 연설에서 2015년까지 최소 100만 대의 전기 자동차가 도로를 달리게 하는 것이 목표라고 발표했으며, 캘리포니아 주 대기자연위원회(CARB)는 2025년까지 신규 판매 차량의 16%는 무(無)공해 자동차여야 한다는 의무 생산 규정을 발표하여서 미국도 국가적으로 친환경 전기자동차 산업의 활성화를 추진하고 있다.

2003년부터 미국 실리콘 밸리[4]에서 일발적인 자동차 회사와 상이한 자동차 회사가 탄생하였다.

---

2) 포드(Ford)社, GM(General Motors)社, 크라이슬러(Chrysler)社
3) 찰스 모리스 지음, 엄성수 옮김, 테슬라 모터스, 을유문화사, 2015.07. pp. 36~37.
4) 실리콘밸리(Silicon Valley) : 반도체 재료인 실리콘(Silicon)과 산타클라라 인근 계곡(Valley)를 합쳐서 만든 합성어, 원래는 양질의 포도주 생산 지대였는데, 반도체 및 IT 기업들이 대거 진출하면서 실리콘밸리로 불리게 되었고, 세계적인 기업으로 성장한 벤처기업 밀집 지역

그림 1-1. 테슬라 전기자동차 최초 차량 로드스터(Roadster)
[2006년 7월, 2인승 스포츠카(현재 생산 및 판매 중단)]

이제까지 전기자동차라면, 연비가 좋다는 점을 부각하기 위하여 작고, 못생기고, 느리고, 주행거리가 짧다는 고정관념이 있었다. 하지만, 엘론 머스크(Elon Reeve Musk)5)의 테슬라(TESLA)6) 자동차는 기존 전기자동차의 고정관념을 깨고, 2차 전지 약 7000개를 사용하여 최고시속 394[km]를 내는 후륜구동 방식과

---

5) 엘론 리브 머스크(Elon Reeve Musk : 1971년 ~ 현재) : 남아프리카공화국의 프리토리아에서 태생, 전기 및 기계 엔지니어인 아버지 에롤 머스크(Errol Musk)의 영향으로 어릴 때부터, 컴퓨터 게임 및 프로그램 분야에 집중적으로 관심을 가지게 되었고, 캐나다 온타리오에 위치한 퀸즈대학교에서 경영학을 전공하다. 미국 펜실베니아 대학으로 편입하고, 경제학 및 물리학 2중 전공으로 학사를 마치고, 에너지 물리학 분야의 박사학위를 취득하기 위하여 1995년 스탠퍼드 대학교에 입학하였으나, 창업의 길로 들어서면서, 집투 코퍼레이션(Zip2 Corporation), 온라인 은행 사업인 엑스닷컴(X.com) 및 페이팔(Paypal), 민간 우주사업인 스페이스X(SpaceX)를 사업하였고, 2003년부터 100% 전기로 동작하는 자동차 회사인 테슬라 자동차 사업하는 미국의 사업가이자 발명가

6) 테슬라 자동차는 전기자동차의 엔진으로 사용된 유도전동기의 발명가인 미국의 니콜라 테슬라(Nikola Tesla)의 이름을 바탕으로 테슬라라는 이름을 사용하였다.

영국 로터스 엘리스 세시를 이용한 고가의 스포츠카 버전(로드스터)(그림 1 참고)의 성공을 발판으로 중고가 스포츠 세단(모델 S), 일반인을 위한 상용 자동차 세단(모델 E), 중고가 스포츠 SUV(모델 X)를 발표함을 통해서 세계적인 이목을 집중시키고 있는 중이다[7].

그림 1-2. 구글(Google)社의 무인 전기자동차[8]

---

7) Wikipedia 인터넷 사이트, 테슬라 모터스, https://namu.wiki/w/테슬라 모터스
8) 구글의 무인(無人) 자동차 : 2011년부터 구글(Google)社는 스스로 운전하는 무인 자동차에 대하여 연구하시 시작하였으며, 2012년 5월부터 미국 네바다(Nevada) 주(州)에서 시험 면허를 획득하고 본격적으로 실제 도로시험에 들어갔다. 현재 구글 자동차는 3차원 3D 영상을 인식하는 7만 달러(약 7500만원) 라이더(LIDAR: laser radar) 장비를 비롯하여 15만 달러(약 1억 5천만 원)의 센서를 장착하고 있다. 구글社는 자율주행과 관련하여 300여건 이상의 특허를 보유하고 있어서, 세계 최고의 기술을 보유하고 있으며, 현재는 운전대가 없는 자동차를 개발하여, 시험테스트 중에 있다.

1-2. 전기자동차의 최초 발명과 그 쇠퇴 (1824년~1920년)

1900년대 초에 미국에서 굴러다니는 자동의 약 38%가 전기자동차였다. 그만큼 전기자동차의 역사는 오래되었다고 할 수 있을 것이다. 또한, 세계적인 발명왕인 토마스 에디슨(Thomas Alva Edison)9)도 전기자동차 및 전기철도와 관련하여 총 48건의 특허를 등록은 받았고, 특히 전기자동차의 에너지 독립을 위하여 에디슨은 충·방전이 가능한 2차전지10)에 관하여 총 135건의 특허를 출원 및 실용화하였다11).

세계 최초의 전기자동차는 1824년 헝가리의 발명가 앤요스 제드릭(Ányos Jedlik)12)에 의하여 자신이 발명한 전기모터를 적용하여 전기자동차 개발을 세계 최초로 시도하였다(그림 1-4 참고).

---

9) 토마스 에디슨(Thomas Alva Edison : 1847년 ~ 1931년) : 일명 발명왕이라고 불리우는 세계적인 미국의 발명가, 전구를 세계 최초로 발명하고, 이 실험 중에 발견한 '에디슨 효과'는 20세기 들어와 열전자 현상으로 발달하여 전자공업의 초석을 마련한 미국의 과학자, 평생 1,093개의 특허를 출원하였고, 잘 알려지지 않았지만, 전기자동차, 전기철도 및 2차전지 배터리에 대해서도 수많은 연구를 수행하였다.

10) 1차전지는 방전한 뒤에 충전을 통해서 본래의 상태로 되돌릴 수 없는 전지로서, 대표적으로 건전지, 알라라인 전지가 있으며, 세계 최초로 이탈리아 과학자 볼타에 의해서 발명되었다. 2차전지는 충전과 방전이 반복적으로 가능한 전지로서, 대표적으로 납축전지, 니켈전지, 리튬전지가 있다.

11) 토마스 에디슨의 전기자동차 및 배터리에 관한 특허는 필자(筆者)가 직접 조사함 [필자(筆者)의 저서, "세상을 바꾼 위대한 혁신가!!! 토마스 에디슨의 꿈, 말사쥐 그리고 에디슨 DNA(2017년 2월 출판, 더하심 출판사) 참조]

12) 앤요스 제드릭(Ányos Jedlik: 1800년~1895년): 1800년대 초반에 전기모터에 대하여 집중적으로 연구한, 물리학자, 엔지니어 및 발명가이며, 자신이 개발한 모터를 이용하여 세계 최초의 전기자동차를 발명한 헝가리의 발명가

그림 1-3. 앤요스 제드릭(Ányos Jedlik)

그림 1-4. 앤요스 제드릭이 세계 최초로 발명한 전기자동차

이후 1830년대 스코트랜드에서 전기자동차 및 전기철도를 개발하기 위하여 초창기 연구가 시도되었고, 전기자동차는 1834년 로버트 앤더슨(Robert Anderson)[13]이 개발하였고, 전기철도는

---

13) 로버트 앤더슨(Robert Anderson: 생애에 대해 정확히 모름): 19세기 배터리를 사용하여 최초로 전기자동차를 연구한 스코트랜드 발명가

1837년 로버트 데이비슨(Robert Davidson)[14]은 배터리를 사용하여 개발하였다.

그림 1-5. 토마스 파커(Thomas Parker)

그림 1-6. 토마스 파커 개발한 전기자동차(1884년)

---

14) 로버트 데이비슨(Robert Davidson: 1804년~1894년): 배터리를 사용하여 최초로 전기철도를 연구한 스코트랜드 발명가

그림 1-7. 알버트 포프(Albert A. Pope)

그림 1-8. 알버트 포프가 개발한 전기자동차(1899년)

하지만, 앤요스 제드릭(Ányos Jedlik), 로버트 앤더슨(Robert Anderson) 및 로버트 데이비슨(Robert Davidson)의 발명은 실용화에는 부족한 점이 많았으며, 1800년대 중반 이후에 다양한 발명가가 전기자동차 개발에 뛰어들었다. 실질적으로 전기자동차 상용화를 추구한 발명가는 영국의 토마스 파커(Thomas Parker)15) 및 미국의 알버트 포프(Albert A. Pope)16)이며, 이들이 그림 1-6 및 그림 1-8의 전기자동차를 개발하였고 각각 유럽과 미국에서 상용화를 위하여 노력하였다.

토마스 에디슨은 토마스 파커(Thomas Parker) 및 알버트 포프(Albert A. Pope)보다 늦게 전기철도 및 전기자동차 분야에 뛰어 들었다. 하지만, 전구의 조도(照度)제어 및 발전기의 속도제어는 에디슨이 전기기기 속도제어 기술을 바탕으로 전기철도 및 전기자동차 기술개발에 전 세계에 그 누구보다 가장 많은 총 48건의 특허기술을 발명하였다17).

토마스 에디슨이 자신이 가장 완숙한 발명을 수행할 수 있던 36세부터 86세까지, 즉 30대 중반부터 평생 동안 전기자동차 및 전기철도 기술개발보다 더욱 집중(集中)한 것은 발전소와 전력배선으로부터 완전히 자유로운 전기 에너지의 독립(獨立)이었다. 즉, 토마스 에디슨은 충·방전이 가능한 2차전지18)에 관하여 총 135건의 특허를 출원 및 실용화하였다19).

---

15) 토마스 파커(Thomas Parker: 1843년~1915년): 자동차 분야 기술자로서 엘웰-파커(Elwell-Parker)社를 공동으로 창업하여, 납 축전지 및 모터를 이용하여 전기자동차를 상용화하는 영국의 발명가

16) 알버트 포프(Albert A. Pope: 1843년~1909년): 군인 출신으로 콜롬비아(Columbia)社를 창업하여, 자전거 생산을 시작으로 전기자동차를 실용화를 추진했으며, 가솔린자동차 등을 생산 및 판매한 미국의 발명가이자 사업가

17) 랜스덴(Lansden)社는 토마스 에디슨의 전기자동차 발명 및 특허를 바탕으로 1900년도 초반에 약 1,750대의 전기 트럭(Electric Truck)을 생산 및 판매하였다.

18) 1차전지는 방전한 뒤에 충전을 통해서 본래의 상태로 되돌릴 수 없는 전지로서, 대표적으로 건전지, 알라라인 전지가 있으며, 세계 최초로 이탈리아 과학자 볼타에 의해서 발명되었다. 2차전지는 충전과 방전이 반복적으로 가능한 전지로서, 대표적으로 납축전지, 니켈전지, 리튬전지가 있다.

19) 토마스 에디슨의 전기자동차 및 배터리에 관한 특허는 필자(筆者)가 직접 조사함

토마스 에디슨의 특허(特許)를 검토하면서, 감탄하는 점은 지금도 마찬가지이지만, 전기자동차의 성공의 핵심은 에너지 밀도가 높은 배터리[20]라는 것을 100년 전에 에디슨도 너무나 잘 알고 있었다는 것이다. 전기자동차와 배터리에 대해서 토마스 에디슨이라는 존재에 대해서 많은 사람은 정말 잘 모르는 것 같다. 아니 전기공학 분야를 전공한 필자(筆者)도 에디슨의 특허(特許)를 검토하기 전에는 잘 몰랐는데, 아마도 전문가 정도의 지식을 가진 극소수를 제외하고, 전기자동차와 배터리 분야에서 토마스 에디슨이라는 이름조차 극히 생소할 것으로 생각된다.

토마스 에디슨을 전기자동차와 배터리 분야에서 다시금 평가해 보면, 전기자동차 및 전기철도에 총 48건의 특허를 발명하여 세계에서 가장 많은 연구를 수행한 발명가이다. 그리고 전기 에너지 독립을 위한 충·방전이 가능한 2차전지 배터리에 총 135건의 특허를 발명하여, 역시 2차전지 배터리에서 세계에서 가장 많은 특허를 출원한 발명가이며, 현재 가장 앞서가는 배터리 재료인 니켈, 리튬을 가장 먼저 사용한 과학자이며, 지금의 전기자동차의 초석을 다진 발명가라고 평가할 수 있을 것이다.

이렇게 토마스 에디슨이 전기자동차, 전기철도 및 2차전지 배터리분야에 대해 주옥(珠玉) 같은 발명을 하였지만, 이 점에 대하여 별로 부각되지 못한 이유를 간단하게 이야기하면, 미국의 석유 왕인 록펠러(John Rockefeller)[21]와 자동차 왕인 헨리 포드(Henry Ford)[22] 때문으로 생각된다(그림 1-9 참고).

---

20) 우리나라 기업인 삼성 SDI, LG 화학, SK 이노베이션은 2차전지 배터리 개발에 박차를 가하고 있으며, 리튬이온 배터리 분야에서 세계최고 양산시스템을 가지고 있으며, 국가발전에 기여하고 있다.

21) 록펠러(John Davison Rockefeller: 1839년~1937년): 미국 오하이오 스탠더드 석유회사를 설립하여, 1900년대 초반에는 미국 정유소의 95%를 지배한 미국의 석유 사업가이자 석유 왕으로 통함

그림 1-9. 석유 왕 록펠러(좌측)와 자동차 왕 핸리 포드(우측)

전기자동차는 가솔린자동차보다 먼저 발명되었고, 1920년까지 전기자동차와 가솔린자동차는 공존 및 경쟁관계에 있었다. 하지만, 1908년 자동차 왕인 핸리 포드가 개발하여 상용화한 모델 T(그림 1-10 참고)와 1920년 석유 왕인 록펠러가 텍사스 원유 발견 및 석유산업 개발로 인하여, 가솔린자동차는 혁신적으로 평균 500달러~1000달러 가격하락이 되었다. 이로 인하여 자동차라는 이름은 휘발유 및 경유 자동차가 대명사가 되었고, 전기모터와 배터리로 구동하는 전기자동차는 그 이름이 1920년대부터 최근까지 약 70년 동안은 사라지게 되었으며, 지금도 전기자동차는 자동차 분야에서는 아직까지 조금은 어색한 이름이라고 할 수 있을 것이다.

---

22) 핸리 포드(Henry Ford: 1863년~1947년): 에디슨의 컨베이어 밸트 발명으로부터 영감을 받아서 자동차 분야의 혁신적인 조립 라인인 포드시스템을 확립하였고, 미국 자동차 대표기업인 포드사를 설립한 자동차 기업가, 발명가이자 자동차 왕으로 통함

그림 1-10. 핸드 포드가 상용화한 휘발유 자동차 모델 T(Model T)

1-3. GM社의 혁신과 실패(1990년~2000년)

1990년대 미국 캘리포니아(California) 주(州) 정부는 캘리포니아 주에서 판매하는 자동차의 10% 정도는 배기가스가 전혀 나오지 않는 자동차를 판매하여야 한다는 '배기가스 제로법(ZEV: Zero Emission Vehicle)'을 제정하였다[23].

캘리포니아(California) 주(州)의 '배기가스 제로법'은 1990년 세계적인 미국의 자동차 기업인 GM(General Motors)社[24]가 전기자동차 EV1을 LA 모터쇼에 선보이는 계기를 마련하였고, 1996년 GM社는 배기가스 및 소음이 전혀 없으며, 시속 130km(최고속도 150km)로 주행이 가능한 전기자동차를 양산하였다. GM社의 전기자동차 EV1은 1996년부터 2000년까지 800대의 전기자동차 EV1을 소비자에게 대여하여 큰 호응을 얻었다[25].
GM社가 개발한 EV1은 2인승 전륜(前輪)구동 방식으로, 전기콘센트가 있는 어느 곳이면 충전이 가능하고, 플러그를 꽂은 뒤 4시간이면 완전 충전이 가능하다. 무게를 가볍게 하기 위하여 알

---

23) Louise Wells Bedsworth and Margaret R. Taylor, "Learning from California's Zero-Emission Vehicle Program", CEP(California Economic Policy), Vol. 3, Num, 4, 2007.09.

24) GM(General Motors)社: 1904년 윌리엄 듀랜트(William Durant)가 뷰익(Buick)社의 지분을 사들여서 1908년 9월에 GM社를 설립하였고, 지속적으로 성장하여 현재는 미국의 3대 자동차 회사로 등극하였다. GM社는 뷰익(Buick), 캐딜락(Cadillac), 쉐보레(Chevrolet), GMC, 오펠(Opel), 복스홀(Vauxhall) 및 홀덴(Holden) 등 미국을 대표하는 자동차 브랜드를 만들어 냈으며, 2011년 대한민국의 대우자동차를 인수하여서 쉐보레(Chevrolet)라는 브랜드를 수럭으로 사용하고 있으며, 1996년 전기자동차를 부활시켰지만, 상당한 실패를 하였던 자동차 기업

25) Wikipedia 인터넷 사이트, Who Killed the Electric Car,
https://en.wikipedia.org/wiki/Who_Killed_the_Electric_Car%3F

루미늄 프레임에 복합소재를 사용하여 가볍게 하였으며, 차고 벽에 설치된 소형 액자 크기의 충전기를 사용하여 한번 충전에 110~130km(최대 160km)의 주행이 가능한 것을 특징으로 한다(그림 1-11 참고).

그림 1-11. GM社의 전기자동차 EV1 및 충전모습

GM社는 EV1 개발을 위하여 15억 달러(한화로 약 1조 8천억 원)이상을 투자하였으며, 저렴한 충전비용 덕분에 EV1은 구입 자가 증가하였고, 기존의 휘발유 자동차 업체는 위협을 받기 시작하였다. 전기자동차는 화석연료 즉, 석유를 사용하는 내연기관이 아닌 전기 모터로 주행하기에 엔진오일과 오일필터 등이 필요하지 않으므로 정유업체를 포함하는 자동차 정비 및 부품

업체에 큰 위협으로 다가왔다.

급기야 메이저(Major) 석유회사 및 자동차 업체는 GM社의 전기자동차 EV1의 인기에 위기의식을 느끼고 "전기자동차의 배터리에 문제가 많고 비싸다"라는 문제점을 언론에 퍼트리고 로비를 통하여 캘리포니아 주정부를 압박하여 공청회를 가진 뒤 2003년 '배기가스 제로법'을 철폐(Abolish law)하였다. GM社 배기가스 제로법이 사라지자 전기자동차 EV1의 생산라인을 철수하고 직원을 해고하였으며, 마지막으로 남은 78대의 EV1,을 2005년 사막 한가운데서 조용하게 폐차하였다[26](그림 1-12 참고).

그림 1-12. 소니 픽쳐스社의 포스터 및 GM社 EV1 폐차모습

소니 픽쳐스社가 2006년에 제작한 '누가 전기자동차를 죽였나(Who Killed the electric car)'란 다큐멘터리에서는 GM社의 전기자동차 EV1을 리스(lease)하여 운전한 다수의 EV1 사용자들의 인터뷰를 통해서 이렇게 혁신적인 전기자동차가 갑자기 사라진 것에 대하여 아쉬움에 대하여 나타냈으며, 미국·중동·유럽 등 석유 회사들의 석유판매에 따른 세금 문제가 복잡하게 얽혀

---

26) 정용욱 외 공저, 전기자동차 2판, GS인터비전, 2013.08. pp. 38~39.

있으며, 기존의 메이저 자동차 회사가 내연기관 자동차의 생산을 중단하면 수익성이 나빠질 것이란 우려가 작용하였음을 나타내고 있다.

이 다큐멘터리에서 미국의 역대 대통령인 카터(Jimmy Carter), 레이건(Ronald Reagan), 클린턴(Bill Clinton) 등이 중동의 석유 중독을 끊겠다는 공헌을 했으나, 메이저 석유회사 및 자동차 회사의 로비, 이에 굴복한 미국 정부, 큰 차를 좋아하는 미국 소비자의 성향이 GM社의 전기자동차 EV1을 결국 죽였다는 내용을 담고 있으며, 역사에서 조용히 사라지는 최후를 맞이하였다[27].

하지만, 2005년 GM社 EV1이 폐차되는 그 순간, 테슬라 자동차의 엘론 머스크(Elon Reeve Musk)는 최고급 전기자동차의 출시를 준비하고 있었고, 2006년 7월에 세상에서 가장 아름다운 2인승 스포츠카를 탄생하여서 세상에 전기자동차 돌풍을 일으키고 있다.

---

27) Youtube 인터넷 사이트, "Who Killed the Electric Car? report", https://www.youtube.com/watch?v=h85lT8hadyk

1-4. 전기자동차 최신 기술개발 현황

전기자동차는 이 시대의 니즈(needs)에 가장 부합되는 자동차로 인식되고 있으며, 공기오염을 감소시키는 장점을 가진다. 하지만, 휘발유 자동차와 비교하여 주행거리가 짧고, 충전 인프라가 상당히 필요하며, 전기자동차 배터리를 충전시키는 시간이 길다는 단점이 존재하고 있다. 따라서 테슬라(TESLA) 전기자동차에 대하여 본격적으로 이야기하기 전에 최근 상용화가 진행 중인 전기자동차 기술개발 현황에 대하여 구체적으로 살펴보겠다.

1) 하이브리드 전기자동차(HEV: Hybrid Electric Vehicle)

하이브리드 전기자동차(HEV)는 두 종류 이상의 동력원을 함께 이용하는 전기자동차를 말한다. 통상 휘발유(또는 디젤)엔진과 전기 모터를 함께 사용하는 자동차를 지칭하며, 연료가 많이 이용되는 순간 휘발유 엔진 대신 전기 모터를 작동시킴으로써 연료 사용을 저감하고, 배기가스 배출도 줄이는 전기자동차를 의미한다. 즉, 하이브리드 전기자동차(HEV)는 출발 및 가속 시에는 엔진+모터로 구동되며, 정속 주행 시는 엔진만 구동하며, 감속 시에는 전기자동차 모터의 발전 작용(발전기 동작)으로 배터리가 충전되는 방식이다(그림 1-13 참고).

대표적인 하이브리드 전기자동차(HEV)는 Citroen社의 C2, 혼다社의 시빅, 도요다社의 프리우스가 있다(그림 1-14 참고).

■ 하이브리드의 정의 및 작동개요

하이브리드는 "혼합" 등을 의미하는 단어로서 일반적으로 두 가지의 동력원을 함께 사용하는 차를 말하며, 서로 다른 두개의 동력원인 내연기관 (엔진)과 전기 모터를 조합하여 사용하는 자동차임

그림 1-13. 하이브리드의 정의 및 작동개요

그림 1-14. 하이브리드 전기자동차
[C2(Citroen社), 시빅(혼다社), 프리우스(도요다社)]

2) 플러그인 하이브리드 전기자동차
   (PHEV: Plug-in Hybrid Electric Vehicle)

플러그인 하이브리드 전기자동차(PHEV)는 가정용 전기를 이용하여 전기자동차의 배터리에 충전할 수 있는 하이브리드 전기자동차를 지칭하며, 배터리의 완전 충전을 통하여 50~60km의 거리를 전기로만 주행 가능한 전기자동차를 말한다. 또한, 대표적인 플러그인 하이브리드 전기자동차(PHEV)는 GM社의 볼트(Volt)가 있다(그림 1-15 참고).

그림 1-15. 플러그인 하이브리드 전기자동차[볼트(Volt), GM社]

3) 배터리 전기자동차(BEV: Battery Electric Vehicle)

배터리 전기자동차(BEV)는 내연기관 엔진은 없으며, 순수하게 전기모터의 회전력으로만 달리는 전기자동차를 의미한다. 필요한 전기는 100% 충전을 통해서 얻으며, 대기 오염도 전혀 없는 가장 친환경적인 전기자동차이다. 바로 테슬라社의 모든 전기자동차(모델S, X, 3)와 니산社의 Leaf가 대표적인 배터리 전기자동차(BEV)이며, 완전 무공해(無公害)의 가장 향상되고 발전된 전기자동차라고 할 수 있을 것이다(그림 1-16 참고).

그림 1-16. 배터리 전기자동차[모델S(테슬라社), Leaf(닛산社)]

다만, 전기자동차의 배터리(리튬-이온 배터리)의 충전 전력 밀도(密度)가 휘발유(또는 경유)의 에너지 밀도와 비교[28]하면, 아래의 표 1과 같다. 현재 리튬-이온 배터리는 상당히 발전했고, 기존의 배터리와 비교하여 리튬-이온 배터리가 저장하는 에너지 밀도가 향상되었다. 하지만, 휘발유와 비교하여 리튬-이온 배터리는 무게 기준 약 1/65배, 부피 기준 약 1/16배 정도로 에너지 밀도가 낮다. 즉 휘발유와 비교하여 에너지 밀도가 상당히 떨어지기 때문에 장거리 운전에 한계, 충전시간 단축이 개선되어야 할 것이다.

표 1. 휘발유와 리튬-이온 배터리의 에너지 밀도 비교

기준	휘발유	리튬-이온 배터리	차이
무게(1kg 기준)	46MJ	0.7MJ	65.71배
부피(1L 기준)	36MJ	2.23MJ	16.14배

4) 연료전지 전기자동차(FCEV: Fuel Cell Electric Vehicle)

연료전지 전기자동차(FCEV)는 배터리 전기자동차와 마찬가지로 순수하게 전기모터의 회전력으로만 주행하며, 전기모터에 공급되는 전기를 연료전지(Fuel Cell)로부터 공급받는 것을 특징으로 한다.

연료전지란 수소(H_2)와 산소(O)를 반응시켜 전기를 생산하는 장치로서, 배기가스가 전혀 없고, 물(H_2O)만 배출되는 친환경 전기자동차이다. 다만, 수소의 대량생산 및 차량 내에 수소의 저장 등이 장애요인으로 개술개발이 필요하다.

---

[28] 휘발유와 리튬-이온의 에너지 저장밀도 비교
Wikipedia 인터넷 사이트, Energy density,
https://en.wikipedia.org/wiki/Energy_density

그림 1-17. 연료전지 전기자동차
[Equinox(GM社), FCHV-avd(도요다社), 투산(현대社)]

대표적인 연료전지 전기자동차(FCEV)로는 GM社의 Equinox, 도요다社의 FCHV-avd가 있으며, 최근 국내의 현대자동차는 2018년 상반기 출시를 목표로 투산 FCEV를 연구하고 있으며, 기존의 CNG 버스를 연료전지 전기자동차(FCEV) 버스로 교체하는 것도 연구하고 있다(그림 1-17 참고).

4가지 대표적인 HEV, PHEV, BEV 및 FCEV 전기자동차의 특징을 정리하면, 다음의 표 2와 같이 정리할 수 있다.

하이브리드 전기자동차(HEV)는 기존의 내연기관 자동차에서 100% 완전한 전기자동차로 이행하는 중간적(中間的)인 자동차라고 할 수 있다. 따라서 하이브리드 전기자동차(HEV)는 현재 대부분의 자동차 회사가 집중적으로 연구 개발하고 있으며, 모터의 사용정도(전기화 정도)에 따라서 ①Micro(Mild) HEV ② Soft(Power Assist) HEV ③Hard(Full) HEV로 구분할 수 있다. 특히, Micro(Mild) HEV, Soft(Power Assist) HEV 및 Hard(Full) HEV에 대하여 구체적으로 언급하면 다음과 같다.

① Micro(Mild) HEV(마이크로 하이브리드 전기자동차)

Micro HEV는 공회전시 시동이 자동으로 꺼지고 출발 시 엑셀레이터를 밟으면, 시동이 켜지는(idle stop & go system) 방식의 차량으로 전기모터는 보조역할만 하는 차량을 의미한다. 기존의 내연기관에 부착하거나 제약조건이 많은 소형 차량에 적합한 방식으로 이산화탄소(CO_2) 감소율이 5~10% 정도의 하이브리드 전기자동차이다(그림 1-18 참고).

표 2. 전기자동차의 종류 및 특징29)

구분	HEV	PHEV	BEV	FCEV
동력계구조	(그림)	(그림)	(그림)	(그림)
구동원	• 엔진 + 모터	• 모터 • 엔진(방전시)	• 모터	• 모터
에너지원	• 휘발유/경유 • 전기	• 전기 • 휘발유/경유 (방전시)	• 전기	• 수소
특징	• 구동시 내연기관/모터를 적절히 작동시켜 연비 향상 • 별도의 인프라 필요 없음 • 배터리 전용 주행 5km 정도	• 단거리 주행 시 전기모터로 주행 • 장거리 주행 시 내연기관 사용 • HEV 대비 배터리 용량증대, 주행거리 60km 정도	• 완전한 친환경 전기자동차 • 근거리인 150km 내외만 주행가능	• 완전한 친환경 전기자동차 • 수소/산소 반응으로 전기를 생산하여 동력원으로 사용 • 수소탱크, 스택 등 장착이 필요
구매비용	• 다소 고가	• 다소 고가	• 고가	• 초고가
운영비용	• 다소 저비용	• 다소 저비용	• 저비용	• 고비용
운전편의	• 내연기관과 동일	• 전기충전 필요	• 전기충전 필요	• 수소충전 필요
주요차량	• C2(Citroen) • 시빅(혼다) • 프리우스(도요다) • 아반데 LPI(현대)	• Volt(GM) • F3DM(BYD) • Karma(Fisker)	• 모델 S,X,3 (테슬라) • Leaf(닛산) • i-miev (미쓰비시) • ZOE(르노)	• 투산(현대) • Equinox(GM) • B-class(다임러) • FCHV-avd (도요다)

---

29) 송민규, 리튬이온전지 소재기술 동향 분석 및 전망, KDB 산업은행 보고서 및 정용욱 외 공저, 전기자동차 2판, GS인터비전, 2013.08. pp. 56 참조하여 업데이트 함

그림 1-18. Citroen社 C2(Micro HEV)

② Soft(Power Assist) HEV (소프트 하이브리드 전기자동차)

Soft HEV의 경우 Micro HEV 방식보다는 모터의 보조역할이 더 크다. 대부분의 병렬 방식의 Soft 타입으로 현대자동차의 아반떼 LPI 하이브리드 및 혼다자동차의 시빅(Civic) 하이브리드와 같이 엔진 + 전기모터 + 변속기(CVT: Continuously Variable Transmission)로 구성되어 있다. 이 경우 엔진과 변속기 사이에 모터가 삽입되어 있으며, 모터가 엔진의 동력 보조역할을 수행하게 된다. 전기모터 단독으로 차를 움직일 수 있지만, 모터는 단지 추진의 보조역할을 하며, Soft HEV는 전기적인 비중이 적어 가격이 저렴한 장점이 있지만, 순수 전기 모드 구현이 불가능하여 배기가스 저감 및 연비개선에서 상대적으로 불리하게 된다. Soft HEV는 시동이나 가속순간에만 전기모터가 엔진을 보조하고 정속 주행 시는 일반자동차와 동일한 엔진으로만 구동하는 타입(Type)이기에 Hard HEV에 비교하여 연비가 나쁜 것이다(그림 1-19 참고).

그림 1-19. 혼다社 시빅(Soft HEV)

③ Hard(Full) HEV (하드 하이브리드 전기자동차)

Hard HEV의 경우 전기모터가 출발과 가속 시에만 역할을 하는 것 이상으로 주시에도 전기모터가 사용되는 방식이다. 내연기관과 전기모터의 배치에 따라서 직렬형 또는 직·병렬형(혼합형)으로 구분되며, 도요다의 프리우스가 대표적으로 이 방식에 속하는 전기자동차 모델이다(그림 1-20 참고).

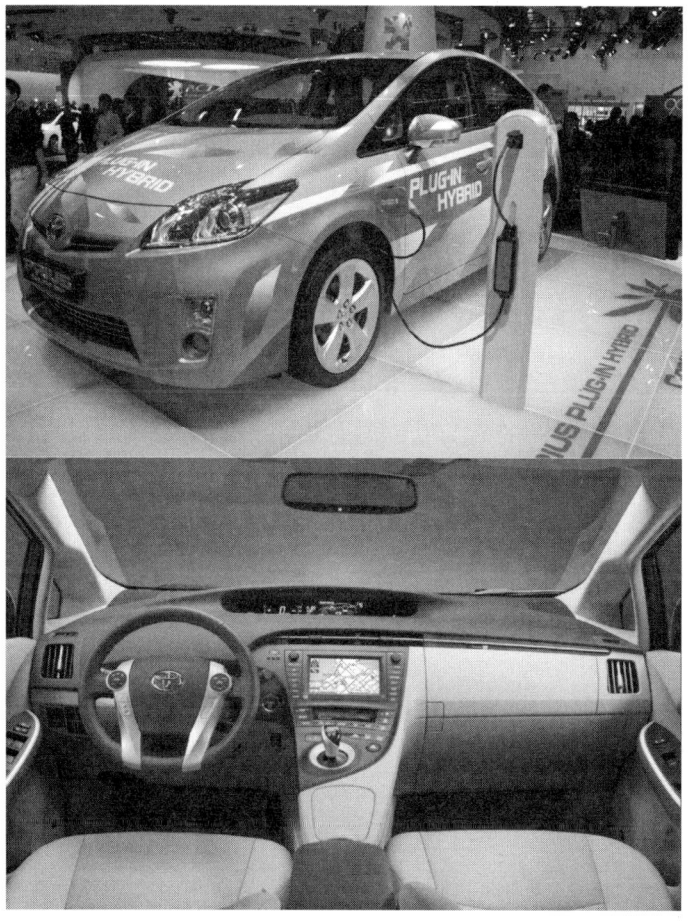

그림 1-20. 도요다社 프리우스(Hard HEV)

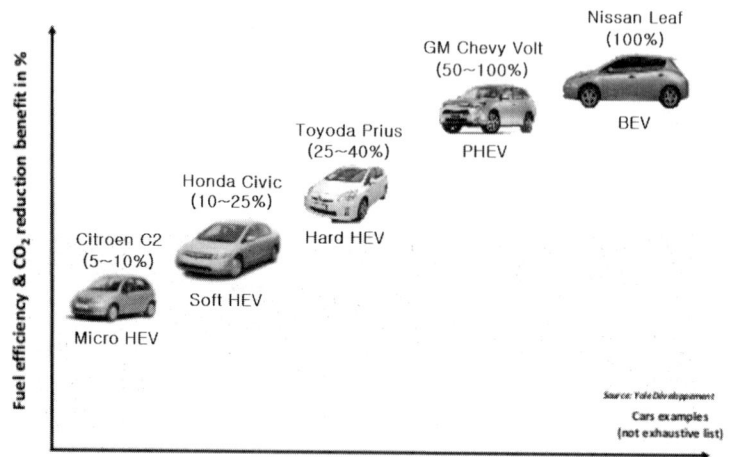

그림 1-21. HEV의 종류별 연료효과 및 이산화탄소 감소율

Hard HEV는 엔진이 전기모터 2개를 가지고 있으며, 변속기 (CVT: Continuously Variable Transmission)로 구성된 하이브리드 시스템으로, 엔진, 모터, 발전기의 동력을 분할/통합하는 기구인 유성기어를 채택하여 효율적으로 동력을 배분하며, 전기모터 2개가 유기적으로 작동하여 동력보조 역할도 수행하기에 순수한 전기자동차로 구동도 가능하다.

Hard HEV는 2개 이상의 모터 제어가 필수적이며, 대용량 축전지가 필요하여 Soft HEV와 비교하여 전용부품이 1.5 ~ 2배 이상 고가인 단점이 있지만, 회생제동 효율이 우수하고 연비가 좋은 장점도 가지고 있다.

기존의 Hard HEV에 대용량 축전지를 추가하고 집에서 축전지를 충전하면, 연료를 보다 적게 소비하며 멀리주행하게 되는데

이러한 자동차를 플러그인 하이브리드 전기자동차(PHEV)라고 한다.

그럼 앞에서 HEV, PHEV, BEV 및 FCEV의 종류별 연료효과 및 이산화탄소(CO_2) 감소율에 대해서는 그림 9와 같이 정리할 수 있으며, 모터의 사용정도(전기화 정도)에 따른 전기자동차에 대해서는 표 2와 같이 정리할 수 있다.

표 3. 모터의 사용정도(전기화 정도)에 따른 전기자동차 구분[30]

구 분		특 징	비 고
HEV	Micro HEV	• 공회전시 엔진이 정지 • 모터는 보조 역할만하는 단순 시스템	• 엔진 + 모터(보조미비)
	Soft HEV	• 기존 엔진에 모터로 보조 • 전기 주행모드가 없음 • 시동이나 가속 순간에만 모터가 엔진을 보조	• 엔진(주) + 모터(보조)
	Hard HEV	• 전기모터가 출발과 가속 시를 포함하여 주행 시에도 주된 역할 • 하이브리드 자동차의 주류로 성장예정	• 엔진(주) + 모터(보조)
PHEV		• 기본적으로 전기모터로 움직이지만, 배터리 범위를 넘어서는 거리는 엔진을 이용해 발전기를 돌리는 방식	• 모터(주) + 엔진(배터리 충전)
BEV		• 순수 전기로만 움직이는 자동차	• 모터(배터리)
FCEV		• 연료전지를 통해 얻어지는 전기를 이용하여 움직이는 자동차	• 모터(연료전지)

---

[30] 정용욱 외 공저, 전기자동차 2판, GS인터비전, 2013.08. pp. 12

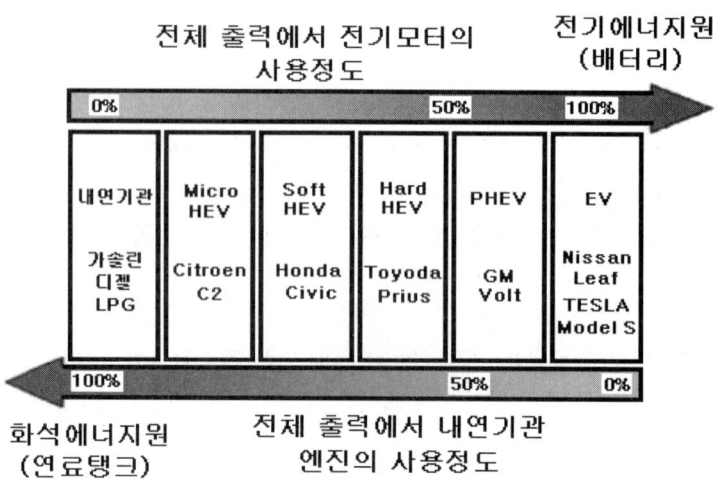

그림 1-22. 에너지 사용률에 대한 자동차 분류

그림 1-22에서 에너지 사용률을 살펴보면, 전형적인 내연기관인 휘발유(Gasoline), 경유(Diesel) 및 LPG 차량의 경우 순수한 화석에너지를 사용하고 있다. Citroen社의 C2는 정지시 엔진을 정지하여 연료를 저감하는 Micro HEV로서 단지 5~10%만 전기에너지를 사용하고 있으며, 혼다社의 시빅(Civic)은 기존에 내연기관 엔진에 전기모터로 보조하는 Soft HEV로서 10~25% 정도의 전기에너지를 사용하고 있고, 도요다社의 프리우스(Prius)는 전기모터가 출발과 가속 시에만 역할을 하는 것이 아니라 주행에 주된 역할을 하는 Hard HEV로서 25~40% 정도의 전기에너지를 사용하고 있다. GM社의 쉐보레 볼트(Chevrolet Volt)는 기본적으로 전기모터로 구동되지만, 배터리의 에너지 공급 범위를 넘어서는 거리는 내연기관 엔진을 이용하여 발전기를 돌리는 방식의 Plug-in HEV로서 50~100%의 전기에너지를 사용하고 있다. 닛산社의 리프(Leaf) 및 테슬라社의 모델 S,X,3는 순수하게 배터리의 전기를 사용하는 방식이며, 도요다

社의 FCHV-avd는 연료전지 전기자동차(FCEV)로서 가장 친환경적인 자동차이다.

그림 1-23. 메르세데스 벤츠社의 자율주행 컨셉카(Concept Car) F015[31]

---

31) 2015년 미국 디트로이트(Detroit) 모터쇼에서 벤츠社가 선보인 자율주행 컨셉카 (Concept Car), 이 차는 일체형 알루미늄 바디(Body), 고강도 철재사용, 탄소섬유 마감, 수소연료 탱크에서 에너지를 공급받아 2개의 모터를 통해서 자율주행이 가능한 미래형 연료전지 전기자동차(FCEV)이다.

1-5. 테슬라(TESLA) 전기자동차의 인기 비결

이제까지 4가지 대표적인 HEV, PHEV, BEV 및 FCEV 전기자동차에 대하여 살펴보았고, 모터의 사용정도(전기화 정도)에 따라서 ①Micro(Mild) HEV ②Soft(Power Assist) HEV ③Hard(Full) HEV에 대해 분석하였다. 즉 테슬라 전기자동차는 4가지 전기자동차 중에서 BEV(배터리 전기자동차)이며, 완전 무공해(無公害)의 가장 향상되고 이상적인 전기자동차라고 할 수 있을 것이다. 그럼 테슬라(TESLA) 전기자동차가 특별히 돌풍을 일으키는 인기의 비결에 대해서 보다 구체적으로 살펴보겠다.

1) 자동차의 개념을 완전하게 변화시킨 신개념 전기자동차
   - 시각성이 탁월한 디스플레이 및 수납공간이 넓은 프렁크(Frunk) 등

테슬라(TESLA) 전기자동차의 경우 기존의 내연기관 자동차와 다른 방식의 설계를 채택하고 있다. 기존의 자동차 생산방식은 금속판을 찍어서 틀을 만들어 내고, 용접하고, 페인트칠을 하고, 모든 인테리어를 마친 후에 최종적으로 모든 자동차를 조립하는 방식을 채택하고 있다. 즉, 현대의 내연기관 자동차는 수십 개의 컴퓨터가 모여서 1개의 자동차로 제조되고 있다. 대략 60~70개의 개별로 동작하는 컴퓨터, 20여개 회사에서 제작된 각기 다른 소프트웨어 및 130[kg]이 넘는 전선으로 구성되어 있다.

테슬라 전기자동차의 혁신은 바로 기존의 자동차 제조 방식과 전혀 다른 설계시스템으로서 자동차를 움직이는 모든 소프트웨어가 단일(單一) 시스템으로 통합되었다는 것이다. 테슬라 전기자동차는 '바퀴달린 컴퓨터'라고 명명하기 적합한 전기자동차이

며, 모든 소프트웨어가 단일 시스템으로 통합되기에 컴퓨터의 수가 적고 간결하며, 소프트웨어 통합도가 가장 높은 것을 특징으로 하며, 원격 조정으로 업그레이드 가능한 컴퓨터와 같은 자동차를 구현하였다. 그림 1-24는 테슬라(TESLA) 전기자동차의 모델 S 운전석을 나타내며, 그림 1-25는 테슬라 전기자동차 운전석 바로 옆에 위치한 터치 플레이 가능한 17인치[inch] 디스플레이를 나타낸다. 테슬라 자동차가 기존의 내연기관 자동차와 다른 점이 바로 자동차 운전석 바로 옆에 위치한 17인치[inch] 디스플레이와 그 기능이라고 정의 할 수 있을 것이다.

그림 1-24. 테슬라 전기자동차의 모델 S 운전석

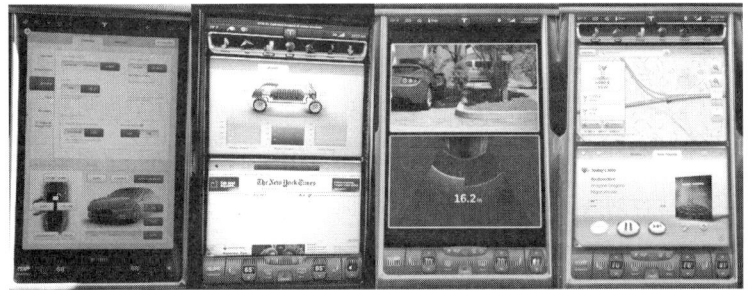

그림 1-25. 테슬라 자동차의 17인치[inch] 디스플레이

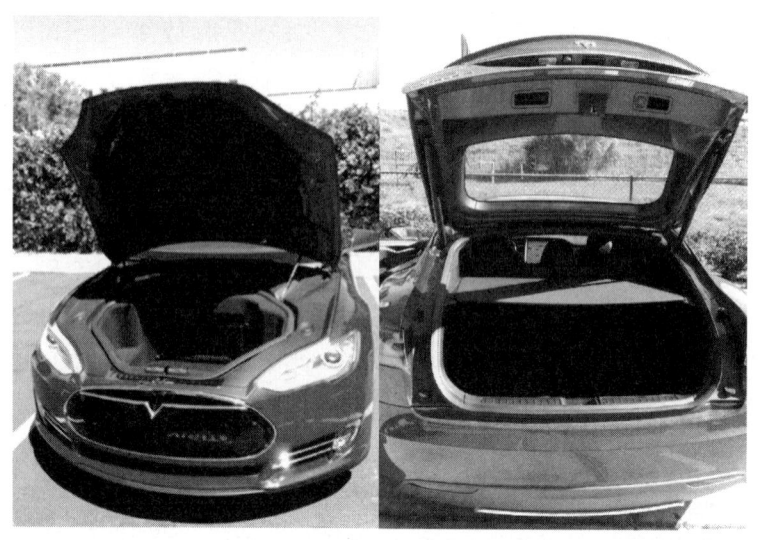

그림 1-26. 테슬라 전기자동차의 프렁크(좌측) 및 트렁크(우측)

17인지[inch] 디스플레이를 통하여 차량 전체의 상태를 체크하고 제어할 수 있으며, 배터리 상태, 이미지 센서, 블랙박스(Black Box), 인터넷 및 내비게이션(Navigation), 자율주행 운전 등이 모두 통합적으로 제어 가능한 특징이 있다. 즉 현재까지 자동차 기업이 생산하는 자동차는 차량이 중심적으로서 컴퓨터 및 소프트웨어가 포함된 각 부품을 교체하는 방식이지만, 테슬라 자동차는 통합적인 소프트웨어 설계를 통하여 터치 플레이 가능한 17인치[inch] 디스플레이를 통하여 마치 거대한 스마트 폰(Smart Phone)을 조정하는 것 같이 전기자동차를 제어하는 특징이 있다. 더불어 테슬라 자동차는 전기자동차의 혁신적인 설계를 통하여 차량의 앞에 짐을 실을 수 있는 새로운 공간인 프렁크(Frunk: Front+Trunk의 합성어)를 만들어 전방 충격을 가장 잘 흡수하고, 가장 넓은 수납공간을 가진 자동차를 만들게 되었다(그림 1-26 참고).

2) 세계 최대의 충전 인프라 구축

전기자동차의 상용화에서 커다란 걸림돌은 리튬-이온 배터리의 에너지 저장 밀도의 한계로 주행거리가 짧다는 것이다. 따라서 전기자동차의 충전 인프라 구축은 필수적이라고 할 수 있다. 이러한 인프라 구축을 위해서 충전기의 표준(Standard) 전압, 표준 커넥터의 마련이 필요하며, 또한, 전기자동차의 주행거리를 고려하여 수많은 충전소 설치가 필수적이라고 할 수 있다.

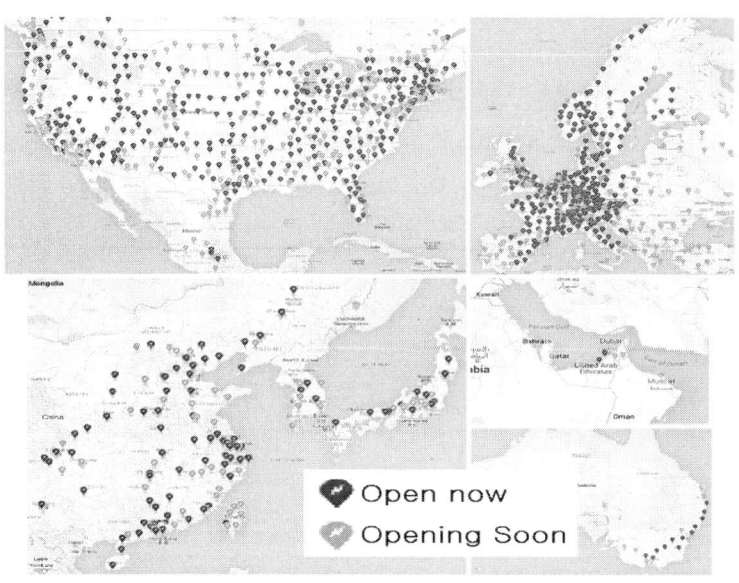

그림 1-27. 전 세계 테슬라(TESLA) 슈퍼충전소 현황

현재 전기자동차 분야에서 가장 앞서가는 기업이 바로 미국의 테슬라(TESLA)社이며, 전 세계에 전기자동차 충전소 확충에 상당하게 노력을 하고 있다. 테슬라社는 미국과 서유럽에 전기자동차 충전소 구축을 상당히 완료했으며, 중국, 일본, 멕시코, 호주, 대만, 아랍에미리트(UAE)의 대도시 및 고속도로를 중심으로

전기자동차 충전소 구축을 위해서 집중적인 투자로 세계 최대의 충전 인프라[32])를 구축하고 있으며, 현재 대한민국에도 슈퍼충전소가 14개 이상으로 설치 중에 있다(그림 1-27 참고).

현재 리튬-이온 배터리를 사용하여 세계 최고의 전기자동차 기술을 보유하는 테슬라 전기자동차의 경우 주행거리가 430km(평균 430km, 최대 512km, 한국정부 공인 378km)이며, 기타 전기자동차인 미쓰비시社, 닛산社, 현대社, 르노社의 경우도 주행거리가 140~160km인 점을 고려하면, 전기자동차 충전소의 확충이 필수적이라고 할 수 있을 것이다. 따라서 현재 테슬라(TESLA)社의 경우 미국과 서유럽, 중국, 일본 및 호주 등에 전기자동차 충전소의 집중적인 확충을 바탕으로 공격적인 마케팅을 펼치고 있으며, 전기자동차의 대표주자로 자리매김을 하고 있다.

3) 전세계 모든 전기자동차 중에서 가장 최고의 성능을 보인다.
   - 급속 충전, 최고속도 및 최장 주행거리

전기자동차를 상용화하는데 또 다른 가장 큰 문제점은 충전시간이라고 할 수 있을 것이다.
표 4는 세계최고의 기술을 보유한 테슬라(TESLA)社를 비롯하여 다수의 전기자동차 회사의 최고속도, 주행거리 및 완속(緩速)충전 시간 비교를 나타낸다.

---

32) 테슬라 자동차 홈페이지 인터넷 사이트,
    https://www.teslamotors.com/supercharger

표 4. 전기자동차 최고속도, 주행거리 및 완속 충전시간 비교

업체명	모델명	최고속도[km]	주행거리[km]	완속충전 시간[H]
테슬라	MODEL X	250	430	8
미쓰비시	I-Miev	130	160	7
닛산	LEAF	140	160	8
르노	플루언스	160	160	9
르노	Zeo Z.E.	160	160	9
현대	블루온	130	140	7

테슬라(TESLA) 자동차는 현재 전기자동차 분야에서 최고속도와 최장 주행거리의 자동차의 상용화를 성공하였으며, 더불어 급속 충전을 위하여 슈퍼충전소(Supercharger, 그림 1-27 참조)를 전 세계 곳곳에 운영을 하고 있다. 현재 테슬라社의 급속충전의 경우 배터리 80%충전에 30분, 100% 충전에 1시간이 소요(현재는 20분까지 충전시간 단축시킴)되고 있어 이제까지 상용화된 전기자동차 중에서 가장 최고의 급속충전 성능을 보이고 있다.

4) 테슬라 자동차의 가장 큰 매력
　　- 최고의 가성비, 경제성 및 저렴한 유지비

그럼 최종적으로 테슬라 자동차의 가장 큰 인기비결은 무엇인가? 아주 간단하게 이야기하면, 가성비(價性比, 가격대 성능 비) 및 유지비용이 가장 우수하다는 것이다.
기존의 테슬라社 모델 S 및 모델 X의 경우, 약 1억원 정도[33]

---

33) 미국에서 테슬라 자동차 모델 S 및 모델 X의 경우 8천만원~1억원 정도이며, 자율 주행 기능이 추가된 경우 1억원 이상 이다.

의 매우 고가였다. 한마디로 벤츠, 페라리, BMW 등 최고급 사양의 자동차 가격과 맞먹어서 일반 대중(大衆)이 구입하기에는 경제적인 부담이 많았다. 하지만, 2016년 3월 테슬라 자동차는 가격이 약 1/2로 저렴한 모델 3[34]을 발표하였고, 예약판매를 하였다. 약 2년 후에나 자동차를 인수받을 수 있는데도 몇 주 만에 사전예약이 40만명을 돌파할 정도로 폭발적인 인기를 누리게 되면서, 전기자동차 업계의 돌풍을 일으키고 있다.

2년도 넘게 기다려야 차를 인수받는데, 왜 이렇게 인기가 있은 것일까? 그 이유는 간단하다. 일반적인 자동차 운전자에게 1억원 정도의 테슬라社 모델 S 및 모델 X는 매우 부담스러운 가격이지만, 약 1/2가격의 테슬라社 모델 3은 한마디로 대중들이 신형 자동차를 산다면, 그 정도는 지불할 용의가 충분히 있다는 것이다. 더욱이 기존의 휘발유 자동차와 비교하여 전기자동차의 경우 유지비가 상당히 저렴하다. 어쩌면 테슬라 자동차의 가장 큰 돌풍의 이유는 아주 간단하게 가성비(價性比)와 경제성 및 유지비가 최고로 좋기 때문이다.

테슬라(TESLA) 전기자동차가 돌풍(突風)을 일으키는 이유를 정리하면 다음과 같다.
  첫째, 시각성이 탁월한 디스플레이 및 수납공간이 넓은 프렁크(Frunk)를 가지는 마치 휴대폰과 같은 신(新)개념 전기자동차를 구현에 성공함
  둘째, 세계 최대의 충전 인프라

---

[34] 모델 3의 경우 가격은 1/2 정도이지만, 친환경 자동차의 정부지원 혜택에 따라서 1/2 이하가 될 수 있을 것으로 전망된다.

셋째, 급속 충전, 최고속도 및 최장 주행거리 등 전기자동차 중에서 최고의 성능

넷째, 최고의 경제성, 가성비 및 유지비

위의 크게 4가지 이유로 인하여 자동차를 새롭게 구입하려는 소비자의 마음을 흔들고 있는 것이다. 여기에다 테슬라 자동차의 차체(車體) 디자인도 상당히 매력적이어서, 남녀를 불문하고 모든 운전자를 유혹하고 있다.

그림 1-28. 테슬라社 대중화 전기자동차 모델 3

그림 1-28은 현재 전기자동차 돌풍(突風)을 일으키고 있는 테슬라 전기자동차 모델 3을 나타낸다. 모델 3은 테슬라社가 대중화를 위해 선보인 중·저가 전기자동차 모델 3의 주요사양은 다음과 같다. 최대 모터출력 204마력[HP], 배터리 용량 50[kWh], 1회 충전시 최대 주행거리 약 346[km], 제로백 0~100[km] 도달하는 시간 6초, 가격 35000달러 내지 44000달러(약 4000만원 내지 5000만원)로 책정되어서 현재 선풍적인 인기를 끌고 있으며, 이미 40만대 이상 예약판매가 이루어졌다.

그림 1-29. 2016년 3월 테슬라 자동차 모델 3 사전 예약장 모습

이제 테슬라(TESLA) 전기자동차는 특정 부유층을 위한 고가(高價) 자동차가 아닌 대중(大衆)의 니즈(needs)를 만족시키며, 완전 무(無)공해의 친환경 대중의 자동차로 변신에 성공한 것으로 보인다. 그래서 분명한 것은 조만간 테슬라 전기자동차를 대한민국 서울에서 자주 보게 될 것이고, 주변 사람들이 테슬라(TESLA) 전기자동차를 구입했다는 소식을 자주 듣게 될 것이다.

마치 2007년 스마트폰(Smart Phone)이 처음 나왔을 때, 모든 모임의 대화 주제가 스마트 폰이 되었던 것처럼, 사람들의 대화 주제가 테슬라 전기자동차가 될지도 모르겠다. 이제 거리를 지나면서, "우와!! 테슬라 자동차다!!"라는 말할 것이다. 분명한 것은 사람들의 관심과 환호!! 그 속에는 엄청난 기술적 혁신이 녹아있다는 것이고, 그 혁신이 우리의 눈앞에 현실로 다가왔기 때문이다.

제2장
테슬라(TESLA) 전기자동차!!!
강력한 파워와 아름다움의 비밀(秘密)

* 테슬라 전기자동차 모델 S 주요구성
  배터리, 앞·뒤 바퀴부분, 모터/기어박스/인버터 부분, 차체(車體) 부분으로 구성됨

2-1. 150여개 특허(特許)를 앞세우고 한국 상륙작전 중

2017년 3월 15일!!
아마 이 날은 대한민국에서 테슬라(TESLA) 전기자동차에게 가장 기념비적인 날이 될 것이다.

그림 2-1. 테슬라 전기자동차 경기도 하남스타필드 매장

바로 경기도 하남시에 위치한 하남 스타필드 매장(그림 2-1 참고)이 드디어 대한민국 1호 매장이 오픈(Open)했기 때문이고, 연일 수많은 사람들로 인해서 북적이고 있다. 테슬라(TESLA) 전기자동차가 뭐라고 이렇게 많은 사람들이 줄서고 있을까??

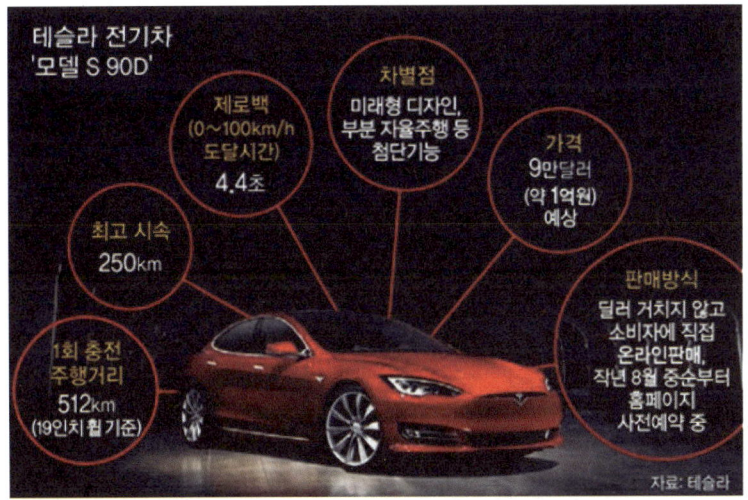

그림 2-2. 테슬라 전기자동차 모델 S의 주요 성능

그림 2-2는 테슬라 전기자동차의 대표모델인 모델 S(Model S)의 주요 성능을 나타낸다. 모델 S의 경우 1회 충전으로 430[km][35], 최고시속 250[km], 제로백 0~100[km][36] 도달하는 시간 4.4초, 최대출력 417마력[HP] 소음이 없는 이 멋진 전기자동차[37]...

---

35) 테슬라 전기자동차는 주행거리는 평균 430km, 최대 512km, 한국정부 공인 378km이다.
36) 2016년도에 테슬라(TESLA)社는 제로백이 2.5초인 모델 S를 출시하여서 진정으로 슈퍼카(Super Car)의 반열에 들어서게 되었다.
37) 모델 S(Model S)의 경우 길이 4979mm, 너비 1964mm, 높이 1435mm, 휠베이스 2960mm이다.

가격은 얼마일까?? 1대가 무려 약 "1억 3천만원"[38]이다.

특히 테슬라(TESLA) 전기자동차의 보급형 모델인 모델 3의 경우 가성비(가격 대비 성능비)가 매우 우수하여 선풍적인 인기를 끌고 있으며, 전 세계적으로 40만 이상 예약 판매가 이미 이루어졌다. 그리고 2018년 이후 한국에서 출시되는 경우 정부의 보조금을 받아서 3000만원 전후(前後)의 금액으로 구입이 가능할 것으로 예상되기에 이제 수많은 자동차 운전자가 테슬라 모델 3의 출시를 손꼽아 기다리는 것이 현실이다.

얼마나 기다려야 겨우 인도받을까?? 그 마저도 테슬라社에서 안주면 더 기다려야 하고...

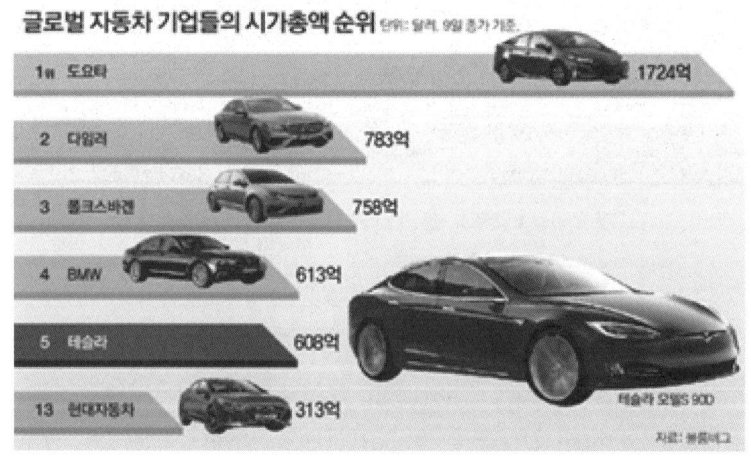

그림 2-3. 글로벌 자동차업계 시가총액(2017년 6월)

세계에서 가장 이단아(異端兒)[39] 같은 자동차 회사인 테슬라

---

38) 한국에서 테슬라 전기자동차는 기본사양이 1억 2100만원이며, 풀 옵션은 1억 6100만원이다.

39) 이단아(異端兒) : 전통이나 권위에 맞서 혁신적으로 일을 처리하는 사람

자동차는 이제 그냥 자동차 회사가 아닙니다. 2017년 6월 기준으로 시가총액 608억 달러로 미국의 대표적인 자동차 회사인 GM(General Motors) 및 포드(Ford)를 제치고 미국 최고이자 세계 5위의 자동차 회사로 당당하게 등극하였다. 그리고 무엇보다 가장 중요한 것은 전기자동차 분야에서 세계 최고의 기술력을 보유하고 있는 자동차 회사이며, 미래에 가장 발전가능성이 높은 회사라고 평가받고 있다.

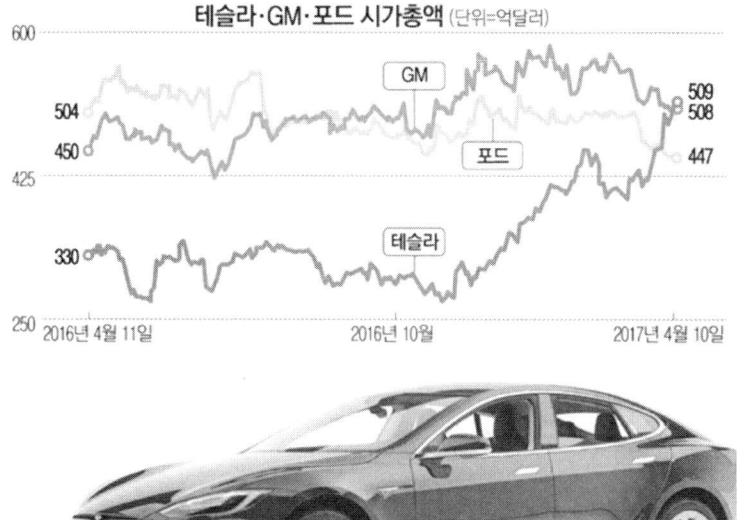

그림 2-4. 테슬라·GM·포드의 시가총액 비교(2017년 4월 10일)

2017년 4월 10일을 기준으로 테슬라(TESLA)社는 미국의 대표적인 자동차 회사인 GM(General Motors) 및 포드(Ford)를 시가 총액에서 앞지르게 되었다.

즉, 미래의 기대치가 반영된 주식의 가치로서는 이미 미국에서 최고의 자동차 회사인 GM(General Motors)社를 앞서는 것으로 인정받고 있는 것이다. 아직 자동차의 생산능력 및 판매실적에 서는 테슬라(TESLA)社는 GM(General Motors) 및 포드(Ford)[40] 에 한참 뒤처지고 있다. GM(General Motors)社는 연간 약 1000만대 자동차를 생산 및 판매하고 있으며, 94억 달러(10조 5280억원)의 매출을 기록하고 있으며, 포드(Ford)社 연간 약 460만대 자동차를 생산 및 판매하고 있으며, 46억 달러(5조 1520억원)의 매출을 기록하고 있다. 그러나 테슬라(TESLA)社는 연간 연 7만5230대에 불과하다[41].

테슬라(TESLA)社가 2016년 기준으로 중·저가형 자동차인 모델 3을 이미 40만대를 예약하고 있으며, 150여개의 등록특허를 바탕으로 미국, 유럽, 중국, 일본, 멕시코, 호주, 대만, 아랍에미리트(UAE)를 넘어서 한국까지 테슬라 전기자동차를 상륙(上陸) 중에 있으며, 대한민국도 이제 전기자동차 시대를 활짝 열게 되었다.

이러한 테슬라(TESLA)社 미국, 유럽, 일본, 중국 등을 중심으로 전 세계에 특허를 출원하고 있으며, 2017년 4월까지 미국에 총 158건의 특허를 등록하였다.

아래의 표 5는 2017년 4월까지 등록된 158건의 미국 등록 특허의 8가지 기술 현황을 나타낸다. 테슬라(TESLA)社의 158건의 미국 등록 특허를 살펴보면, 가장 많은 특허 및 디자인을 등록

---

40) 2016년 기준으로 테슬라(TESLA)社의 생산능력은 GM社의 약 1/130, 포드(Ford)社의 약 1/60 로서 한참 못 미치는 생산능력을 보유하고 있다.

41) 2017년 테슬라(TESLA)社 매출총액은 약 70억 달러(7조 8400억원)이다. 이 금액은 테슬라(TESLA) 자동차 및 태양광 사업인 솔라시티(Solar City)社의 매출 총액이 합쳐진 것이다. 테슬라(TESLA)社는 전기자동차의 생산능력 확충을 위하여 2017년에 25억 달러(2조 8000억원)를 투자 중이며, 2017년에 모델 S, 모델 X를 각각 47,000대, 50,000대를 생산할 계획이다.

한 기술 분야는 "전기자동차의 차체(車體) 외관(세부기술1)"이다. 테슬라(TESLA)社의 158건의 특허 중에서 27.8%에 달하는 44건의 특허가 "전기자동차의 차체(車體) 외관"에 관한 것이다. 그 다음으로 많은 특허를 출원한 기술 분야는 "① 배터리 관리 시스템(BMS: Battery Management System)(세부기술2)", "② 모터, 배터리의 냉각기술(세부기술3)" 및 "③ 배터리 배치기술(세부기술4)" 분야이다. 위의 세부기술2 내지 세부기술4 분야는 테슬라(TESLA) 전기자동차의 강력한 파워(Power)를 만드는 가장 핵심적인 기술이라고 할 수 있으며, 각각 25건~28건의 특허를 등록하였다.

표 5. 테슬라 자동차의 특허기술 현황[42]

구분	세부적인 기술	미국 등록특허 (건수)	전체 등록특허 차지하는 비율
세부기술1	전기자동차의 차체(車體) 외관	44건	27.8%
세부기술2	배터리 관리 시스템 (BMS: Battery Management System)	28건	17.7%
세부기술3	모터, 배터리 등의 냉각기술	27건	17.1%
세부기술4	배터리 배치기술	25건	15.8%
세부기술5	전력변환 및 모터기술	13건	8.2%
세부기술6	배터리 충전기 기술	11건	7.0%
세부기술7	전기자동차 제어 기술	5건	3.2%
세부기술8	과전류 보호 기술	4건	2.5%

또한 13건의 특허를 등록한 "전력변환 및 모터기술(세부기술

---

[42] 테슬라社의 미국 등록특허 및 기술에 대한 분류는 본 필자(筆者)가 직접 수행한 것이다. 참고로, 테슬라社의 미국 등록특허 총 158건 중 157건은 세부기술1 내지 세부기술8로 되어있으며, 기타 1건은 자동차 사이에 통신에 관한 것이다.

5)"과 11건의 특허를 등록한 "배터리 충전기 기술(세부기술6)"
은 테슬라(TESLA) 전기자동차를 빠르게 급속충전(急速充電) 및
급가속(急加速) 할 수 있는 근본 기술이다.

표 5에서 테슬라의 8가지 특허 기술 현황을 살펴보면, 특이한
점은 자율주행(Automatic Driving)43) 및 오토파일럿(Autopilot)44)
과 관련된 특허는 단 1건도 없다는 것이다.

테슬라 전기자동차는 세계 최초로 자율주행(Automatic Driving)
및 오토파일럿(Autopilot)을 상용화하였다. 하지만, 2016년 5월
7일, 미국 플로리다(Florida) 주(州)에서 테슬라의 모델 S를 자
율주행으로 운전하던 한 운전자가 트레일러(trailer)와 충돌하여
사망하는 사고가 일어나게 되었다.

---

43) 자율주행(Automatic Driving) : 운전자가 핸들과 가속페달, 브레이크 등을 조작하
지 않아도 스스로 목적지까지 찾아가는 자동차를 말한다. 엄밀한 의미에서 사람이
타지 않은 상태에서 움직이는 무인자동차(driverless cars)와 다르지만, 실제로는
혼용되고 사용되고 있다.
자율주행 자동차가 실현되기 위해선 △차간 거리를 자동으로 유지해 주는 기술
(HDA) △차선이탈 경보 시스템(LDWS) △차선유지 지원 시스템(LKAS) △후·측
방 경보 시스템(BSD) △어드밴스트 스마트 크루즈 컨트롤(ASCC) △자동 긴급제
동 시스템(AEB) 등의 자율주행 기술이 필요하다.

44) 오토파일럿(Autopilot) : 비행 장치의 조종에서 사용하는 용어이며, 사람에 의한
것이 아니라 기계에 의해서 자동으로 비행 장치를 항공하는 시스템을 의미한다. 테
슬라(TESLA)社는 오토파일럿을 자사(自社)의 전기자동차 반(半)자율주행 모드
의 명칭으로 사용하고 있다. 테슬라(TESLA) 오토파일럿(Autopilot)은 완전히 자
율주행(Automatic Driving)을 의미하는 것이 아니라 운전 중에 주로 고속도로 모
드를 위한 운전자 지원을 위한 반(半)자율주행 모드를 의미한다. 테슬라(TESLA)
전기자동차에서 오토파일럿 모드를 사용하는 경우 약 30초 내지 60초 이상 운전대
에서 손을 놓은 경우, 운전대를 잡으라는 경고메시지가 나타나며, 지속적으로 이러
한 경고 메시지를 무시하는 경우 테슬라 전기자동차가 멈추며, 오토파일럿 모드를
사용하지 못하게 된다. 테슬라(TESLA)社 오토파일럿(Autopilot) 모드는 1)오토
크루즈(Auto Cruise, 속도를 일정하게 하는 모드) 2)오토 스티어링(Auto Steering,
차선을 따라가는 모드) 3)오토 파킹(Auto Parking, 4)자율 차선변경 모드 등을
통합하는 운전 지원 기능이다. 테슬라(TESLA)社는 오토파일럿 모드를 베타 테스
터(Beta Tester)로서 사용 중에 사고가 발생하면 그 책임이 운전자에게 있으며,
멈춤 표지판, 공사 중, 도로의 차선이 희미한 경우 및 악천 후 등의 특별한 상황에
서는 테슬라(TESLA)社의 오토파일럿 기능이 완전하게 동작하는 것은 아니며, 엘
론 머스크 회장도 이 경우는 오토파일럿 기능을 사용하지 말아달라고 특별히 당부하
고 있다.

그림 2-5는 테슬라 전기자동차의 자율주행 사망사고 상황도를 나타낸다. 미국 플로리다(Florida) 주(州)의 고속도로에서 자율주행 모드로 달리던 모델 S가 맞은편에서 좌회전하던 트레일러의 흰색 옆면을 밝은 하늘과 구분하지 못한 것이 원인으로 분석되고 있다.

이를 개기(開基)로 테슬라(TESLA)社는 전기자동차의 자율주행(Automatic Driving) 기능과 관련된 성능을 업그레이드(Upgrade) 하였다.

기존의 테슬라(TESLA) 전기자동차는 영상을 단순하게 인식하는 카메라(Camera)의 정보를 바탕으로 자율주행 하였지만, 2016년 5월 테슬라(TESLA) 모델 S의 사망사고 이후에 카메라(Camera)보다는 레이더(Radar)의 기능을 더욱 강화하는 방안으로 자율주행(Automatic Driving) 기능을 업그레이드(Upgrade) 하였다.

그림 2-5. 테슬라 전기자동차의 자율주행 사망사고 상황도
(2016년 5월 7일)

2017년까지 테슬라(TESLA) 전기자동차의 자율주행과 관련된 사고는 언론에 총 3건[45]이 소개되고 있다.

2016년 5월 테슬라(TESLA) 모델 S의 사망사고는 테슬라(TESLA)

社의 자율주행 기능에 대하여 현재 미국에서 재(再)조사 및 독일에서는 자율주행 및 오토파일럿 기능은 정식적으로 인가받지 못하고 있다.

그림 2-6. 테슬라 전기자동차의 자율주행 및 오토파일럿 운행모드

그림 2-7. 테슬라 vs 구글의 자율주행 시스템 비교

---

45) 2016년 5월 1일 : 테슬라社 모델 S, 플로리다(Florida) 주(州) 고속도로에서 자율주행 중 첫 사망사고 발생
   2016년 7월 1일 : 테슬라社 모델 X, 펜실베니아(Pennsylvania) 주(州) 고속도로에서 전복사고 발생
   2016년 7월 11일 : 테슬라社 모델 X, 몬타나(Montana) 주(州) 도로 주변에 말뚝을 인식하지 못해서 사고 발생

테슬라(TESLA) 전기자동차의 모든 특허를 검토한 표 5에서도 확인할 수 있듯이, 테슬라(TESLA)社는 자율주행(Automatic Driving) 및 오토파일럿(Autopilot)과 관련된 특허는 단 1건도 출원하지 않았다.

그림 2-6은 테슬라 전기자동차의 자율주행 및 오토파일럿 운행 모드를 나타내며, 그림 2-7은 테슬라 vs 구글의 자율주행 시스템 비교한 것이다.

현재 전기자동차의 자율주행(Automatic Driving)과 관련되어 세계 최고의 기술을 보유한 구글(Google)社는 라이더(LIDAR: Light Detection And Ranging)라는 360도를 회전하며 열장애를 감지하여 3차원(3 Dimensional) 지도를 변환하는 레이저 센서(Laser Sensor)라는 핵심적인 기술을 완성하였다.

그림 2-8. 구글의 자율주행 시스템

그림 2-8은 구글의 자율주행 시스템을 나타낸다.

구글(Google) 자동차의 머리 위에서 360도 회전하는 라이더(LIDAR, Laser Sensor)의 가격은 약 75,000달러(약 8,400만원)

으로서 현재까지 상용화되기에 상당히 고가(高價)이며, 자율주행을 위한 전체 센서(Sensor) 가격만 총 1억 2천만원에 정도에 이른다. 2017년 1월, 구글(Google)社의 자회사인 웨이모(WAYMO) 社는 연구개발을 통하여 라이더(LIDAR, Laser Sensor)의 가격을 90% 절감한 약 7,500달러(약 840만원) 개발에 성공하였다고 발표하였다.

하지만, 테슬라(TESLA)社의 카메라 및 레이저 시스템을 바탕으로 하는 오토파일럿(Autopilot) 시스템은 12개의 장거리 초음파 센서와 반(半)자율주행 실현을 위한 전방 인지 레이더(radar) 시스템 및 9개의 영상 카메라로 구성되며, 오토파일럿(Autopilot)은 8,000달러(약 900만원)으로서 상당히 저렴하게 상용화한 것이 가장 큰 장점이다.

그림 2-9. 테슬라 측면 카메라(상측) 및 정면 카메라(하측) 위치[46]

---

[46] 테슬라(TESLA) 전기자동차 모델 S의 경우 전방에 3개의 카메라, 좌측 및 우측에 각각 2개, 후방에 1개, 내부 백미러에 1개의 총 9개의 카메라가 있다.

2-2. 차체(車體) 외관과 관련된 디자인 및 특허 기술

테슬라 전기자동차는 무엇보다 차체(車體) 외관이 많은 사람의 가슴을 설레게 할 정도로 아름다운 것이 가장 큰 특징이다.

표 6. 테슬라 생산차량 비교

구분	테슬라 생산차량	출시	특징
로드스터 (Roadster)		2006년 7월	2인승 스포츠카 (현재 생산 및 판매 중단)
모델 S		2009년 3월	5인승 고급세단 판매가 (미국기준) 약 7만 5천 달러 (약 9천만원)
모델 X		2012년 2월	7인승 SUV 판매가 (미국기준) 약 8만 달러 (약 9천 5백만원)
모델 3		2013년 3월	5인승 대중적인 차량 판매가 (미국기준) 약 3만 5천 달러 (약 4천 2백만원)

이렇게 테슬라(TESLA)의 독특한 아름다움에 대해서 테슬라(TESLA)社는 모두 디자인47) 및 특허를 통하여 독점적으로 그 권리를 보호하고 있으며, 전체 등록특허 중에서 27.8%를 차지할 정도로 가장 많은 부분을 차지하는 기술이라고 할 수 있다. 테슬라(TESLA)社는 테슬라의 독특한 이미지를 자신의 지식재산권(IP: Intellectual Property)로 보호하기 위한 전략을 사용했다. 이렇게 자사(自社)의 고유한 이미지를 만드는 전략을 트레이드 드레스(Trade Dress)라고 하며, 타사(他社)의 제품과 구별되는 자사(自社)만의 독특한 외관, 모양, 형상 및 이미지를 의미하며, 테슬라(TESLA)社는 이를 위하여 가장 집중적으로 노력한 것으로 분석된다.

표 6과 같은 아름다운 테슬라(TESLA)의 전기자동차 차체(車體) 외관은 누구나 한번은 베껴보고 싶지만, 테슬라社는 전기자동차와 관련된 거의 대부분 차체(車體) 외관을 디자인 및 특허로 확보한 상태이다.

그림 2-10 및 그림 2-11은 미국 등록 디자인 특허 USD683286호로서 현재 테슬라(TESLA) 모델 S의 외관으로 테슬라社의 회장인 엘론 머스크(Elon Reeve Musk)가 직접 디자인한 것이다.

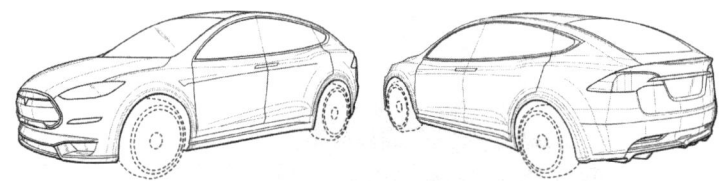

그림 2-10. 테슬라社의 자동차 외관 디자인 특허 USD683286호

---

47) 한국의 경우 "특허"와 "디자인"이 각각 다른 법률 체계를 갖지만, 미국의 경우 "디자인 특허"로 디자인이 특허의 일부로서 같은 법률체계를 갖는다. 하지만, 디자인은 형상·모양·색채 등의 외관을 보호하는 것으로서 한국과 미국의 디자인 보호 범위는 실질적으로 동일하다.

그림 2-11. 테슬라社의 자동차 외관 디자인 특허 USD683286호
(창작자: 엘론 머스크 회장)

그림 2-12. 테슬라社의 엘론 머스크(Elon Reeve Musk) 회장

그림 2-12는 테슬라(TESLA)社의 회장인 엘론 머스크로서 전기자동차의 전체적인 사업만이 아니라 차체(車體) 디자인과 관련하여 직접 아이디어 제안 및 창직을 주도하였다.

그림 2-13은 테슬라 전기자동차 차체(車體) 외관 디자인으로서, 테슬라(TESLA)社 대표적인 이미지인 T자를 자동차에 강조

한 것이다. 테슬라(TESLA)社는 자사(自社)의 철학(哲學)이 녹아 있는 전기자동차를 미국 등록 디자인 특허 USD775005호, USD775006호 및 USD780653호로 등록하였다.

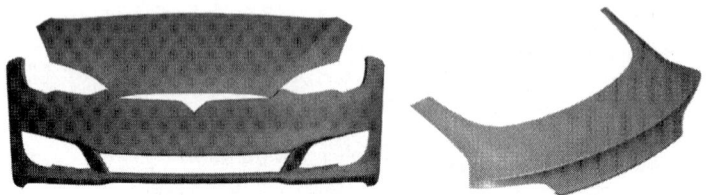

그림 2-13. 테슬라社의 자동차 외관 디자인 특허 USD775005호, USD775006호 및 USD780653호

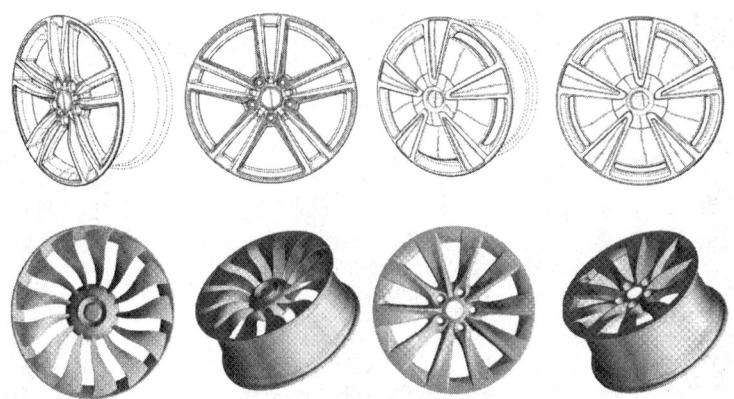

그림 2-14. 테슬라社의 전기자동차 휠(Wheel) 디자인 특허 USD669008호, USD660219호, USD766802호 및 USD774435호

이렇게 자사(自社)의 고유한 이미지를 만드는 전략을 트레이드 드레스(Trade Dress)[48]라고 하며, 타사(他社)의 제품과 구별되

---

48) 트레이드 드레스(Trade Dress) : 기존의 지적재산인 디자인(Design), 상표 (Trade Mark)와는 구별되는 개념으로, 디자인이 제품의 기능을 위한 것이고, 상

는 자사(自社)만의 독특한 외관, 모양, 형상 및 이미지를 의미하며, 테슬라(TESLA)社는 전체 158건 특허 및 디자인 중에서 44건에 해당하는 27.8%가 차체(車體) 외관에 관한 것이다.

즉 테슬라(TESLA)社는 전기자동차의 외관만이 아니라 휠(Wheel)만 봐도 "아!! 그 유명한 테슬라 전기자동차구나!!"라는 이미지를 만들어내는데 가장 성공한 자동차 기업이라고 할 수 있을 것이다.

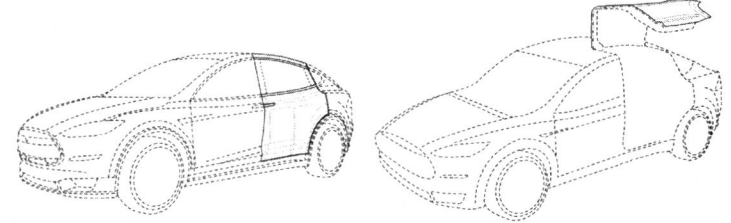

그림 2-15. 테슬라社의 전기자동차 문(Door) 디자인 특허 USD678154호

표는 식별표시를 중시한다면 트레이드 드레스는 제품 또는 상품의 장식에 주안을 두는 개념이다. 타사(他社)의 제품과 구별되는 자사(自社)만의 독특한 외관, 모양, 형상 및 이미지를 의미한다. 기업이 트레이드 드레스(Trade Dress) 전략을 구사하는 이유는 소비자에게 특별한 상품이라는 확고한 인식을 가지게 되고, 브랜드 파워(Brand Power)가 형성되기 때문이다.

그림 2-16. 테슬라社 모델 X 팔콘 윙(Falcon Wing)

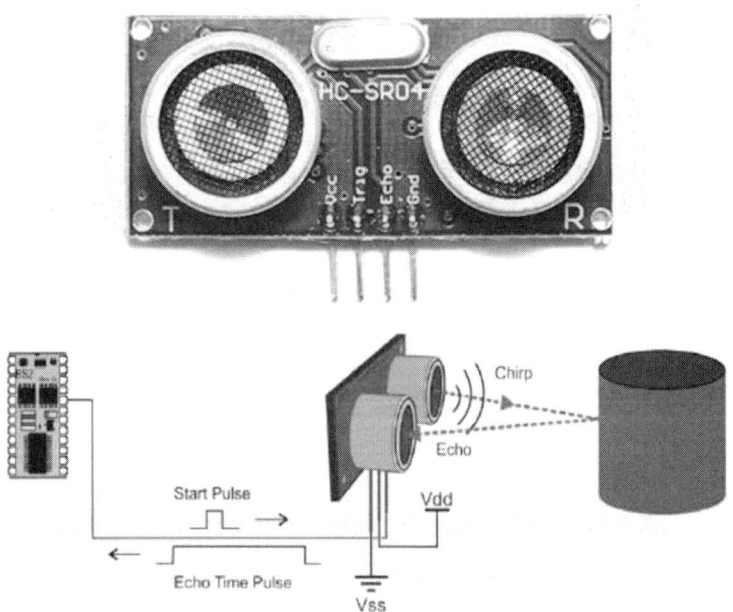

그림 2-17. 초음파 센서(상측) 및 이의 동작원리(하측)[49]

---

49) 그림 2-16의 초음파 센서는 일반적인 초음파 센서로서 테슬라 전기자동차에서 사용된 초음파 센서는 아니다.

그림 2-15는 미국 등록 디자인 특허 USD678154호로서 현재 테슬라(TESLA) 모델 S 및 모델 X의 자동차 문(Door)으로서 역시 테슬라社의 회장인 엘론 머스크(Elon Reeve Musk)가 직접 디자인한 것이다.

특히 테슬라 전기자동차인 모델 X의 경우 마치 독수리가 날개를 펴는 형상으로 설계되어 팔콘윙(Falcon Wing)으로 설계가 되었고, 매우 협소하게 주차된 공간에서도 '문콕'없이 열리도록 하는 것을 특징으로 한다.

그림 2-16은 테슬라社 모델 X 팔콘윙(Falcon Wing)을 나타내며, 특히 테슬라 모델 X가 매우 협소하게 주차된 공간에서도 '문콕(문이 옆 차량에 부딪치는 현상)'없이 열리는 이유는 다음과 같다. 일반적인 자동차 문(Door)에는 하나의 힌지(Hinge)만 동작하지만, 모델 X의 팔콘윙(Falcon Wing)은 두 개의 힌지(Hinge)가 동작하며, 팔콘윙의 문(Door)이 열릴 때 단순히 넓은 아치를 그리는 것이 아니라 문(Door)이 위로 올라가면서, 동시에 옆으로 뻗을 수 있는 것을 가능하게 하였다.

무엇보다 테슬라 모델 X는 차량에 붙어있는 초음파 센서(Ultrasonic Sensor)를 통해서 팔콘윙(Falcon Wing)의 측면과 천장의 높이를 계산하며, 자동으로 팔콘윙(Falcon Wing)이 열리는 각도와 높이를 정교하게 조정한다.

그림 2-17은 일반적인 초음파 센서 및 이의 동작원리를 나타낸다. 초음파 센서는 크게 발신부 및 수신부로 구성되어 있으며, 초음파 발신부에서 생성된 초음파는 물체에 부딪쳐서 반사되어 돌아오는 초음파를 수신하여 물체를 인식하는 장치이다.

테슬라社는 모델 X 팔콘윙(Falcon Wing)에 초음파 센서를 적용하면서, 전기자동차의 철판을 투과시킬 수 있는 초음파 센서를 개발 및 적용 하였다고 엘론 머스크(Elon Reeve Musk)가 직접 밝혔다.

테슬라(TESLA) 자동차의 특허기술 현황을 나타내는 표 5에서도 확인할 수 있듯이 테슬라社는 전체 특허 및 디자인 중에서 전기자동차의 외관 및 차체(車體)와 관련된 특허 및 디자인을 가장 많이 출원하였다는 것을 확인할 수 있다.

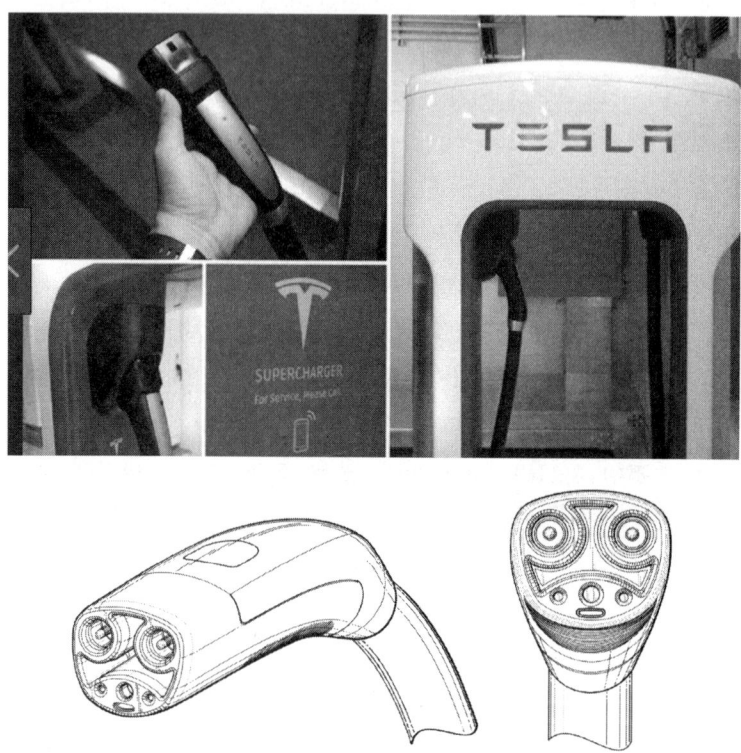

그림 2-18. 테슬라社의 급속 충전기 커넥터 디자인 특허 USD694188호

테슬라社의 총 158건 특허 및 디자인 중에서 27.8%에 이르는 44건이 바로 전기자동차의 외관 및 차체(車體)에 관한 특허 및 디자인이며, 이 44건을 살펴보면, 한마디로 테슬라社는 전기자동차와 관련된 세부적인 모든 부분을 독점적인 권리로 보호하고 있다. 즉 아주 간단하게 말해서 테슬라社는 디자인 및 트레이드 드

레스(Trade Dress) 경영을 강력하게 추구하고 있으며, 자사(自社)의 고유한 이미지를 만들고, 독점적으로 보호하는 것이 한마디로 가장 성공한 기업이라고 할 수 있다. 테슬라(TESLA) 전기자동차의 아주 작다고 생각하는 부분 하나하나, 뜯어보자면 모두이 테슬라社의 트레이드 드레스(Trade Dress) 전략이 녹아있다는 것을 확인할 수 있다. 아니 조금 심하게 말해서 전기자동차의 작은 부분에서도 테슬라(TESLA) 답게 만들고, 누가 봐도 아 테슬라구나!! 라는 감탄사가 나오게 만들고 있다.

그림 2-18은 테슬라社의 급속충전기 커넥터 디자인 특허 USD694188호를 나타낸다. 즉 테슬라社의 전기자동차 급속 충전기만 보더라도, 마치 공상과학 영화인 ET 얼굴처럼 생기게 만들었다.

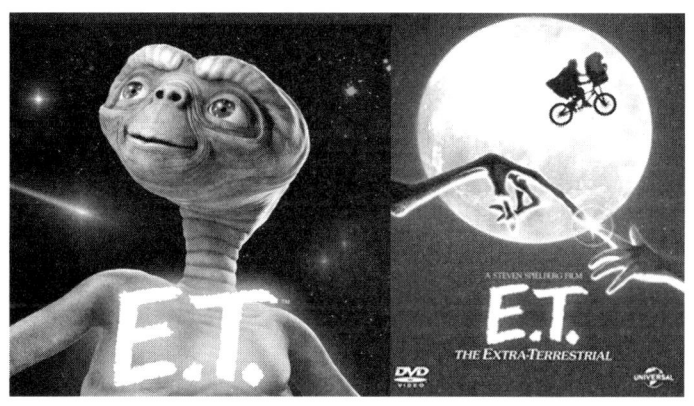

그림 2-19. 영화 E.T.[50]

---

[50] 영화 E.T. : 미국 할리우드를 대표하는 공상과학 영화로서, 1982년 천재 영화감독 스티븐 스필버그(Steven Spielberg)가 만든 영화이다.

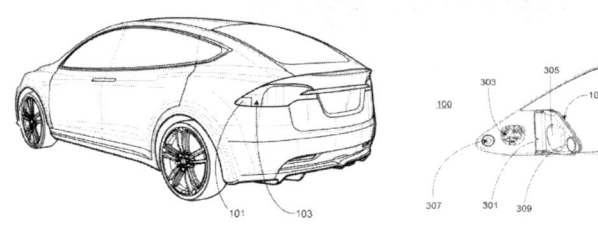

그림 2-20. 테슬라社의 전기자동차 외부 충전 커넥터 특허 US8708404호 및 US8807642호

그림 2-20은 테슬라社의 전기자동차 외부 충전 커넥터 특허 US8708404호 및 US8807642호를 나타내며, 그림 2-21은 테슬라社의 선루프(Sunroof) 특허 US8708404호 및 US8807642호를 나타내며, 그림 2-22는 테슬라社의 자동차 문의 손잡이 특허 US8807807호 및 US9103143호를 나타내며, 그림 2-23은 테슬라社의 자동차 의자 디자인 특허 USD773197호를 나타낸다.

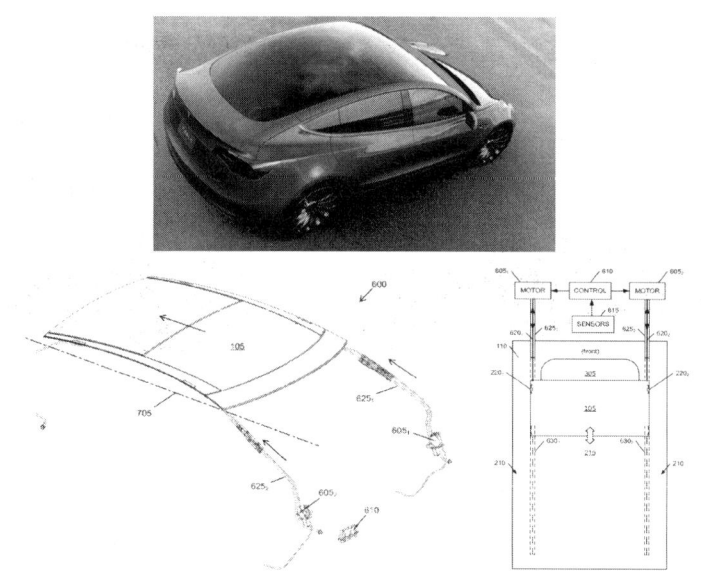

그림 2-21. 테슬라社의 선루프(Sunroof) 특허 US8708404호 및 US8807642호

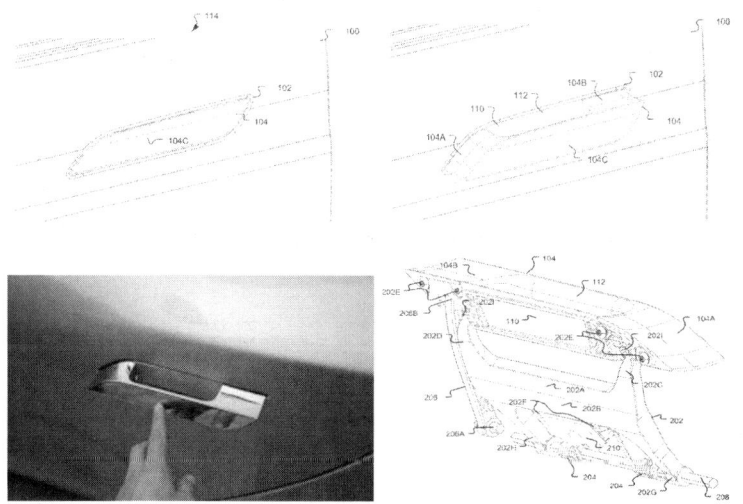

그림 2-22. 테슬라社의 자동차 문의 손잡이 특허 US8807807호 및 US9103143호

그림 2-23. 테슬라社의 자동차 의자 디자인 특허 USD773197호

필자(筆者)는 특허의 전문가로서 테슬라 전기자동차의 특허 및 디자인을 분석할수록 "정말 완벽하게 테슬라社는 테슬라 전기자동차의 독창성을 독보적으로 확보하고 있구나!!"라는 것을 절실히 느낄 수 있었다.

자사(自社)의 고유한 이미지를 만들고, 독점적으로 보호하는 테슬라社의 트레이드 드레스(Trade Dress) 전략은 먹혀들고 있으며, "타사(他社)의 전기자동차와 뭔가 다르구나!!"라는 확고한 이미지를 심는데 성공하고 있다.

어쩌면 세계적인 회사는 단순히 기술만 좋다고 그냥 되는 것이 아니다.

회사의 **철학(哲學)**을 디자인에 디테일(Detail)하게 담아내고, 회사의 **기술(技術)**을 특허에 디테일(Detail)하게 담아내는 **철저한 노력**이 함께하기에 세계 최고의 회사로 성장하고 있음을 느낄 수 있었다.

테슬라 자동차는 그냥 5~6건 어쩌다 좋은 특허와 디자인을 갖은 회사가 아니고, 158건의 테슬라(TESLA)社의 철학과 기술이 녹아있는 디자인과 특허를 갖춘 세계 최고의 전기자동차 회사이다.

그래서 본 필자(筆者)가 테슬라 자동차의 특허와 디자인을 분석하면 할수록 느끼는 점은
"역시 테슬라(TESLA) 자동차구나...!!"
"특허, 디자인 등 지식재산에 있어서도 다른 회사와 확실하게 차별화되는 엄청난 **강점(强點)**이 있구나....!!"라는 것을 확인할 수 있었다.

2-3. 모터 냉각과 관련된 특허 기술

앞에서 소개한 것처럼 아름다운 테슬라(TESLA) 전기자동차를 만들었고, 회사의 철학(哲學)과 기술(技術)을 디자인과 특허에 고스란히 담아내며, 가솔린(휘발유) 및 디젤 자동차가 아니라 전기자동차의 세계적인 돌풍을 일으키는 테슬라社를 이끄는 인물이 바로 엘론 머스크(Elon Reeve Musk) 회장이다.

그림 2-24. 테슬라社의 엘론 머스크(Elon Reeve Musk) 회장

엘론 머스크를 한 마디로 소개하면 다음과 같다.
"현재 전 세계 자동차 회사를 떨게 만드는 인물.."
"자동차의 정의를 근본적으로 바꾼 인물.."

엘론 머스크(Elon Reeve Musk)는 미국을 이끄는 세계적인 발명가이자 기업가인 마이크로소프트(MS)社의 빌 게이츠(William Henry Gates III)[51](1955년~현재)와 애플(Apple)社의 스티브 잡스(Steve Jobs)[52](1955년~2011년) 및 페이스북(Facebook)

의 마크 주커버그(Mark Zukerberg)53)의 계보를 잇는 미국의 발명가이자 사업가이다.

본 필자(筆者)는 특허의 전문가로서 미국의 세계적인 기업가를 바라보면, 특허(特許)와 발명(發明)을 통한 미국의 기업가 정신은 우리나라가 반드시 받아들여야 하는 근본적인 정신임을 깨닫게 된다54).

엘론 머스크가 만들어 가는 아름다운 테슬라 자동차는 기술적으로 무엇이 다른가??

첫째 : 전기자동차의 모터(Motor)가 가진 가장 근본적인
　　　취약점인 모터의 파워(Power)가 약한 것을 근본적으로 향상
둘째 : 모든 소프트웨어가 합리적인 단일 시스템으로 통합된
　　　바퀴달린 컴퓨터를 구현

---

51) 빌 게이츠(William Henry Gates III: 1955년~현재): 하바드 대학을 중퇴하고, BASIC 프로그램을 개발하고, 현재 모든 IT 기기의 표준 운영체제인 윈도우(Widow)를 발명하여 세계 최대의 소프트웨어 기업인 마이크로소프트(Microsoft)社를 창업하고, 손꼽히는 세계 최고의 갑부이자, 기부활동을 하는 미국의 기업인

52) 스티브 잡스(Steve Jobs: 1955년~2011년): 리드(Reed) 대학을 중퇴하고, 매킨토시 컴퓨터, 아이폰, 아이패드, 아이팟을 개발하여, 핸드폰의 개념을 스마트폰으로 변화시키고, 우리의 삶의 패턴을 스마트폰 안에서 새롭게 구현한 발명가, 손꼽히는 갑부이며, 미국의 기업인

53) 마크 주커버그(Mark Zukerberg: 1984년~현재): 하바드 대학을 중퇴하고, 그의 친구들과 함께 세계 최대의 소셜 네트워크 웹사이트인 페이스북(Facebook)를 창업하여 새로운 인터넷 세상을 구축하며, 자신의 보유한 주식의 99%를 기부한 미국의 프로그래머이자 기업인

54) 대한민국은 현재 중국, 미국 및 일본에 이어서 세계 4위의 특허출원 국가이다. 하지만, 원천기술 및 특허의 부족으로 아일랜드, 싱가포르 및 중국에 이어서 세계 4위의 국제 특허수지 적자국(赤字國)이다. (참고, 한국이 해외에 지급한 특허 사용료 - 2013년 : 120억 3800만 달러/ 2012년 : 110억 5200만 달러/ 2011년 : 99억 달러/ 2010년 : 102억 3400만 달러/ 2009년 84억 3800만 달러)

석·박사 과정에서 전기기계(모터 및 발전기 등) 및 전력전자(전력변환)을 전공(專攻)한 필자(筆者)가 강조하고 싶은 첫째 포인트(Point)는 바로 테슬라 전기자동차는 "모터(Motor)가 가진 가장 근본적인 취약점인 모터의 파워(Power)가 약한 것을 근본적으로 향상시켰다"는 점이고, 테슬라 전기자동차의 특허(特許)를 바라보면 볼수록 가장 감동되는 부분이다.

간단하게 둘째 포인트(Point)인 "모든 소프트웨어가 합리적인 단일 시스템으로 통합된 바퀴달린 컴퓨터를 구현한 것"을 먼저 설명하자면, 테슬라 전기자동차의 경우 기존의 내연기관 자동차와 다른 방식의 설계를 채택하였다. 기존의 자동차 생산방식은 금속판을 찍어서 틀을 만들어 내고, 용접하고, 페인트칠을 하고, 모든 인테리어를 마친 후에 최종적으로 모든 자동차를 조립하는 방식을 채택하고 있다. 현재의 내연기관 자동차는 수십 개의 컴퓨터가 모여서 1개의 자동차로 디자인 되어있다. 대략 60~70개의 개별로 동작하는 컴퓨터, 20여개 회사에서 제작된 각기 다른 소프트웨어 및 130[kg]이 넘는 전선으로 구성되어 있다.

하지만, 테슬라 전기자동차의 혁신은 바로 기존의 자동차 제조방식과 전혀 다른 설계시스템으로서 자동차를 움직이는 모든 소프트웨어가 합리적인 단일 시스템으로 통합되었다는 것이다. 테슬라 자동차는 '바퀴달린 컴퓨터'라고 명명하기 적합한 전기자동차이며, 모든 소프트웨어가 단일 시스템으로 통합되기에 컴퓨터의 수가 적고 간결하며, 소프트웨어 통합도가 가장 높은 것을 특징으로 하며, 원격 조정으로 업그레이드 가능한 컴퓨터와 같은 전기자동차를 구현하였다는 것이다.

따라서 이러한 둘째 포인트(Point)도 상당히 혁신적인 발전일 것임에는 분명하다.

"소프트웨어 통합도가 가장 높은 바퀴달린 컴퓨터의 구현"도 분명 진정으로 위대한 진보이다.

하지만, 특허의 전문가이고, 전기기계 및 전력전자 분야 전문가인 필자(筆者)의 눈에 들어오는 테슬라 자동차의 기술(技術) 및 특허(特許)의 위대함은 바로, 테슬라 전기자동차가 컴퓨터로서 완벽함(둘째 포인트)이 아니라 자동차로서 완벽한 파워(Power)를 구현했다는 것(첫째 포인트)이다.

어쩌면, 테슬라 전기자동차가 최고시속 250[km], 제로백 0~100[km]를 도달하는 시간 4.4초[55], 최대출력 417마력[HP]은 분명하게, 전기모터(Electric Motor)에 의해 구현되기가 가장 어려운 부분이라고 할 수 있다.

그림 2-25. 테슬라 전기자동차 모델 S 운전석

---

55) 2016년도에 테슬라(TESLA)사는 제로백이 2.5초인 모델 S를 출시하여서 진정으로 슈퍼카(Super Car)의 반열에 들어서게 되었다.

그림 2-25는 테슬라 전기자동차 모델 S 운전석을 나타낸다.
테슬라 전기자동차 모델 S(Model S)의 운전석을 바로 옆을 보면, 터치 플레이 가능한 17인치[inch] 디스플레이가 보인다. 이 17인지[inch] 디스플레이를 통하여 차량 전체의 상태를 체크하고 제어할 수 있으며, 배터리 상태, 이미지 센서, 블랙박스(Black Box), 인터넷 및 내비게이션(Navigation)이 모두 통합적으로 제어 가능하다는 것을 잘 알 수 있다.

하지만, 여기까지만 보았다면, 테슬라 전기자동차가 컴퓨터로서 완벽하며, 매력적인 17인치[inch] 디스플레이만 본 것이다.
"진정 테슬라(TESLA) 전기자동차에 대해서 솔직히 아는 게 없는 것이다..."
그럼 여기서 이 책을 읽는 독자(讀者) 분에게 가장 근본적인 질문을 해보겠다.
테슬라 전기자동차는 "왜?? 회사 이름이 테슬라(TESLA)일까??"

테슬라社의 이름은 유도전동기(IM: Induction Motor) 아버지인 니콜라 테슬라(Nikola Tesla)[56]의 이름에서 비롯된 것이다. 그리고 현재 이 세상에는 2가지 종류의 전기자동차 회사가 있는데, 첫째, 영구자석 동기전동기(PMSM: Permanent Magnet Synchronous Motor)[57]

---

56) 니콜라 테슬라(Nikola Tesla: 1856년~1943년): 교류(AC) 전류로 동작하는 유도 전동기 및 교류 시스템, 테슬라 코일(특고압 승압회로) 발명하였고, 라디오, 레이더 및 무선전력 전송 발전에 기여한 오스트리아 헝가리 제국 출신의 미국 과학자, 미국 에디슨 연구소에서 수년간 에디슨 아래에서 연구도 하였지만, 에디슨과 연구 성향(性向)이 달라서 그만두었으며, 철도 사업가인 웨스팅하우스(Westinghouse)와 손잡고 교류(AC) 시스템을 이용하여 전력사업을 발전에 기여하였고, 후대의 과학자들이 그의 공로를 기념하여 자기장의 단위를 테슬라[T]로 명명(命名)하였다.

57) 영구자석 동기전동기(PMSM: Permanent Magnet Synchronous Motor): 고정자는 권선이 감겨져 있는 강판이며, 회전자가 영구자석으로 되어있기에 제어가 잘 되는 것이 가장 큰 장점이다.

를 사용하는 자동차 회사와 둘째, 유도전동기(IM: Induction Motor)58)를 사용하는 회사로 구분할 수 있다.

간단하게 말하면, 현재 전 세계 대부분의 전기자동차 회사 토요타, GM, 미쓰비시, 닛산, 현대·기아 등의 대부분의 회사는 모두 영구자석 동기전동기(PMSM)를 사용하여 전기자동차를 상용화하고 있다. 하지만, 테슬라社는 전 세계에서 오직(Only) 유일하게 유도전동기(IM)를 사용하여 전기자동차를 상용화한 회사라는 점이 가장 큰 차이점이다.

전기기계 및 전력전자 분야 전문가인 필자(筆者)가 간단하게 설명하자면, 영구자석 동기전동기(PMSM)는 고정자는 권선이 감겨져 있는 강판(鋼板)이며, 회전자가 영구자석으로 되어있기에 제어가 잘 되는 것이 가장 큰 장점을 가진다. 반면, 유도전동기(IM)는 고정자는 권선이 감겨져 있는 강판(鋼板)이고, 회전자가 도체[정확히, 알루미늄 다이케스팅(Aluminum Diecasting)]로 되어있으며, 회전자의 회전속도가 동기속도 보다 늦기에 제어가 잘 되지 않는 점이 약점이 있는 모터(전동기)이다.

표 7은 전기자동차에 사용되는 주요 모터인 유도전동기(IM) 및 동기전동기(PMSM)를 비교한 것이다.

---

58) 유도전동기(IM: Induction Motor): 고정자는 권선이 감겨져 있는 강판이고, 회전자가 도체[정확히, 알루미늄 다이케스팅(Aluminum Diecasting)]로 되어있으며, 회전자의 회전속도가 동기속도 보다 늦기에 제어가 잘 되지 않는 점이 약점이다.

표 7. 전기자동차에 사용되는 주요 모터 비교[59]

구분	유도전동기(IM)	영구자석 동기전동기(PMSM)
모터형상		
적용상태	EV에 상용화됨	주로 HEV에 상용화됨
특징	• 저비용, 단순구조 • 내구성이 우수 • PMSM 대비 제어특성 및 효율이 낮음	• 저소음/고효율/경량 • 제조비용이 고가 • 유도전동기 대비 온도특성이 불리

영구자석 동기전동기(PMSM) 또는 유도전동기(IM) 모두 가장 큰 단점은 바로, 기존의 가솔린(휘발유) 또는 디젤 자동차의 엔진과 비교하여 출력이 매우 낮다는 것이다. 모터(Motor)는 일반적으로 마력(HP: Horse Power)[60]을 단위로 쓰는데, 1마력[HP]은 약 750[W]이다.

일반적으로 중형 자동차가 100마력[HP] 내·외이고, 대형차는 200~300마력[HP]이며, 스포츠카가 400마력[HP] 이상이 필요한 것을 가만하면, 동기전동기(PMSM) 또는 유도전동기(IM)라는

---

59) 한창수 외 공저, 주변국 동향파악을 통한 전기자동차 핵심부품·소재연구, 한국산업기술진흥원 최종보고서, 2010.04. pp. 104 참조하여 업데이트 함

60) 마력(HP: Horse Power) : 말 한 마리가 내는 힘의 개념을 모터 또는 엔진의 출력으로 도입한 개념으로, 1마력[HP]은 약 750[W]이다.

모터의 가장 큰 약점은 근본적으로 100마력[HP]을 넘기가 어렵다는 것이다.

그래서 운전을 좀 하시는 분들은 가끔 그림 2-26과 같은 표지판을 보았던 경험이 있을 것이다.

그림 2-26. 저속 전기자동차 출입금지 표지판

전기기계 및 전력전자 분야 전문가[61]로서 테슬라 전기자동차를 보았을 때, 가장 크게 감동한 부분은 어떻게 전기 모터(Motor)로 이렇게 대단하고, 훌륭한 전기자동차를 만들었지???

<u>최고시속 250[km], 제로백 0~100[km]를 도달하는 시간 4.4초[62], 최대출력 417마력[HP]</u>

가솔린(휘발유) 또는 디젤 엔진으로도 417마력[HP]의 엔진을

---

61) 필자(筆者)는 "전기기기 설계"(더하심 출판사, 2017년 1월 출판)를 집필한바 있다. 따라서 전기자동차의 모터(Motor)가 417마력[HP]를 낸다는 것이 매우 어렵다는 것을 잘 이해하고 있다. 기술적으로 보면, 400마력[HP]의 모터는 그 길이로 인하여 차량의 폭에 들어가기가 매우 어렵다.

62) 2016년도에 테슬라(TESLA)社는 제로백이 2.5초인 모델 S를 출시하여서 진정으로 슈퍼카(Super Car)의 반열에 들어서게 되었다.

구현하기 어려운데...
모터(Motor)로 417마력[HP]의 전기자동차를 만든다??...이거 한마디로 불가능에 도전하는 것이다.....
이제 그 비밀을 소개하고자 한다.

많은 분들이 그림 2-27과 같은 테슬라 전기자동차의 프레임을 한번쯤은 보았을 것이다.

그림 2-27. 테슬라 전기자동차 구조

테슬라 전기자동차의 구조는 생각보다 간단하다.
후륜(後輪) 구동 방식으로 뒷바퀴에 모터(Motor)와 인버터[63]가 있으며, 그 사이에 기어박스(Gear Box)가 배치되어 있으며, 차체(車體)의 바닥은 배터리(Battery)로 구성되었음을 알 수 있다.

---

[63] 인버터(Inverter): 모터의 속도 및 토크 제어를 위한 전력변환장치, 일반적으로 6개의 전력용 스위치로 구성되어 있다.

그림 2-28. 테슬라 자동차 모터(모델 S)

그리고 테슬라 자동차의 모델 S는 그림 2-28과 같은 유도전동기(IM)를 사용하고 있다.

전문가로서 모터(Motor)의 사이즈(크기)를 보면 대략 그 출력(마력)이 예상되는데....

이 정도의 모터(Motor)로는 417마력[HP]은커녕 그 1/2인 200마력[HP][64]도 쉽지 않은데...

테슬라 자동차는 실제 약 100마력[HP]의 모터를 사용하고 있다. 한마디로 이 정도 출력이면, 중형차 수준의 엔진으로 그들이 꿈꾸는 목표인 "최고시속 250[km], 제로백 0~100[km]를 도달하는 시간 4.4초[65], 최대출력 417마력[HP]"은 솔직히 힘들다

테슬라社와 엘론 머스크 회장의 가장 큰 도전은 바로 어떻게 약 100마력[HP] 모터를 사용하여, 최대 400마력[HP] 이상의 출력을 낼 수 있는가 하는 점이다.

---

64) 100마력[HP] 모터의 경우 그 길이가 약 90~100[Cm] 정도이며, 400마력[HP] 모터는 상당히 길이가 길에 전기자동차용 모터로 사용하기에 크고, 부적합하다.

65) 2016년도에 테슬라(TESLA)社는 제로백이 2.5초인 모델 S를 출시하여서 진정으로 슈퍼카(Super Car)의 반열에 들어서게 되었다.

바로 그 비밀은 모터(Motor)의 냉각(冷却) 시스템에 있다.
테슬라 전기자동차와 관련된 모든 특허(特許)를 검토한 필자(筆者)가 보기에 테슬라 자동차와 관련하여 최고의 특허 4개를 꼽으라면, 미국 등록 특허 US7489057호, US7579725호, US9030063호 및 US9331552호라고 말하고 싶다.

100마력[HP] 모터로 최대 400마력[HP]의 출력을 낸다면 모터(Motor)는 어떻게 될까?? 그 이치는 너무나 간단하다..
비유적으로 이야기하면 사람이 만약 100[kg]의 물건을 들 수 있는데, 400[kg]을 들어서 올리면 어떻게 될 것인가와 같은 질문이다.
너무나 간단하다.... 한 마디로 열이 펄펄 날 것이고, 모터는 타 버린다[66].
모터가 정해진 출력(정격)에 4배의 출력을 발생시킨다면, 물론 제대로 모터가 돌 수도 없겠지만, 모터는 근본적으로 고정자 및 회전자에서 열이 펄펄 날 것이다.
테슬라社의 기술(技術)과 특허(特許)는
"모터(Motor) 니가 열나니??... 내가 냉각 시스템으로 열을 다 빼줄게..." 바로 이것이다.

테슬라 자동차의 모터 및 배터리의 냉각 시스템과 관련하여 총 27건의 특허가 있지만, 그 중에 위의 4건이 가장 하이라이트(Highlight)인 이유는 100마력[HP] 모터로 최대 400마력[HP] 이상의 출력을 내는 기술을 완성시켰기 때문이다.

---

66) 모터는 크게 히스테리시스(Hysteresis) 및 와전류(Eddy current) 손실로 인하여 열이 발생하며, 효율이 저감되는 것을 넘어서 타버리게 된다.

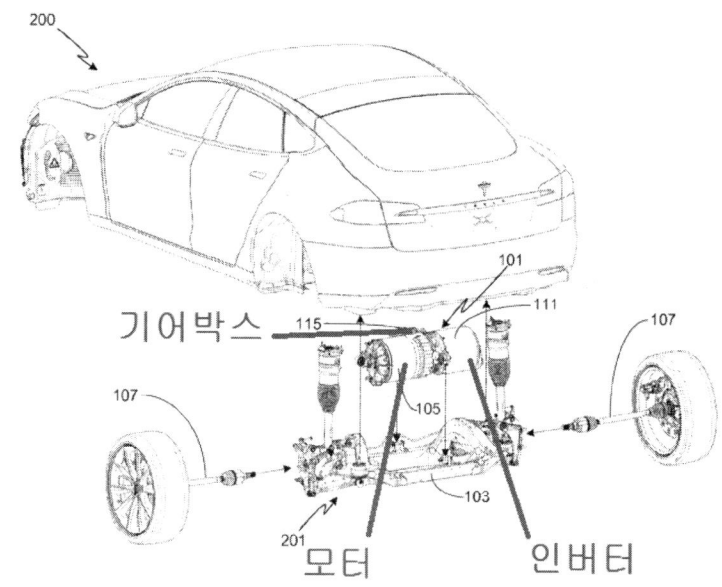

그림 2-29. 테슬라 전기자동차 모터 냉각과 관련된 특허 US9030063호

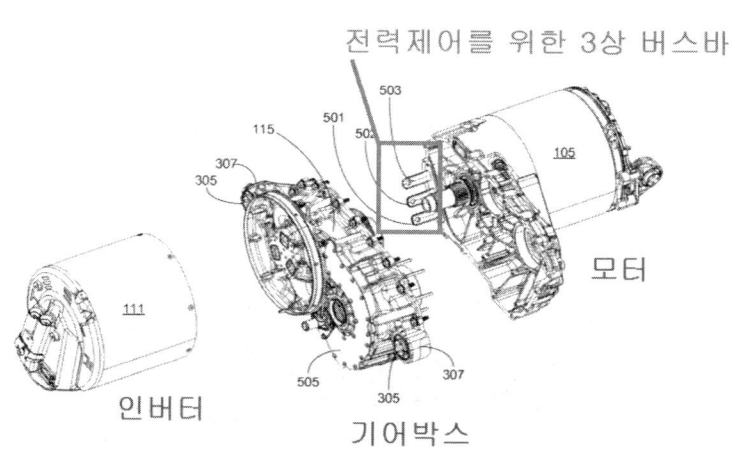

그림 2-30. 테슬라 전기자동차 모터 냉각과 관련된 특허 US9030063호

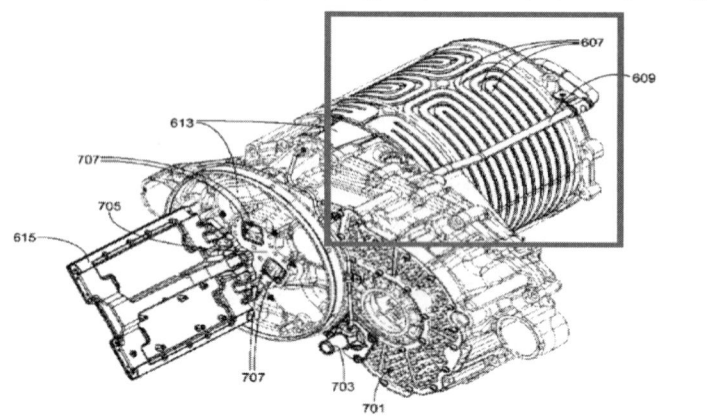

그림 2-31. 테슬라 전기자동차 모터 냉각과 관련된 특허 US9030063호

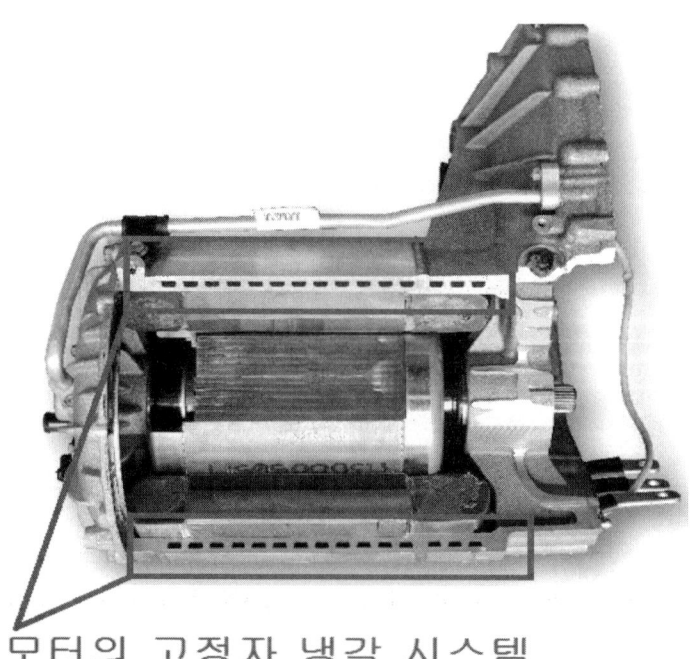

그림 2-32. 테슬라 전기자동차 모터 고정자 냉각 시스템

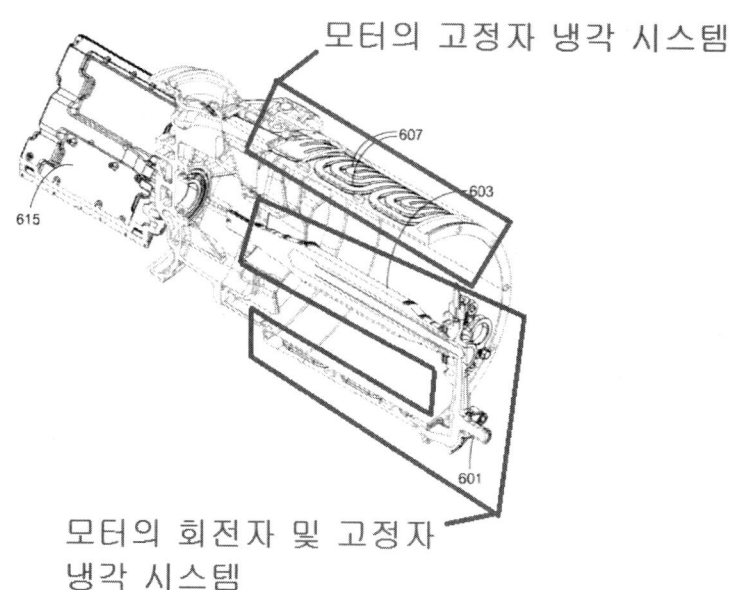

그림 2-33. 테슬라 전기자동차 모터 고정자 및 회전자 냉각과 관련된
특허 US9030063호

그림 2-29 및 그림 2-30은 테슬라社의 특허 US9030063호에서 공개한 전체적인 배치인 모터(Motor), 인버터 및 기어박스(Gear Box)를 보여준다.

그림 2-31 및 그림 2-32는 테슬라 전기자동차에서 모터 냉각 특허 US9030063호 및 고정자 냉각 시스템을 보여주는 것으로 냉매(冷媒)가 순환하는 통로를 보여준다.

그림 2-33 및 그림 2-34는 테슬라 전기자동차에서 모터 냉각 특허 US9030063호 및 모터 회전자 냉각 특허 US7489057호, US7579725호 및 US9331552호를 나타낸다.

모터의 회전자 냉각 시스템

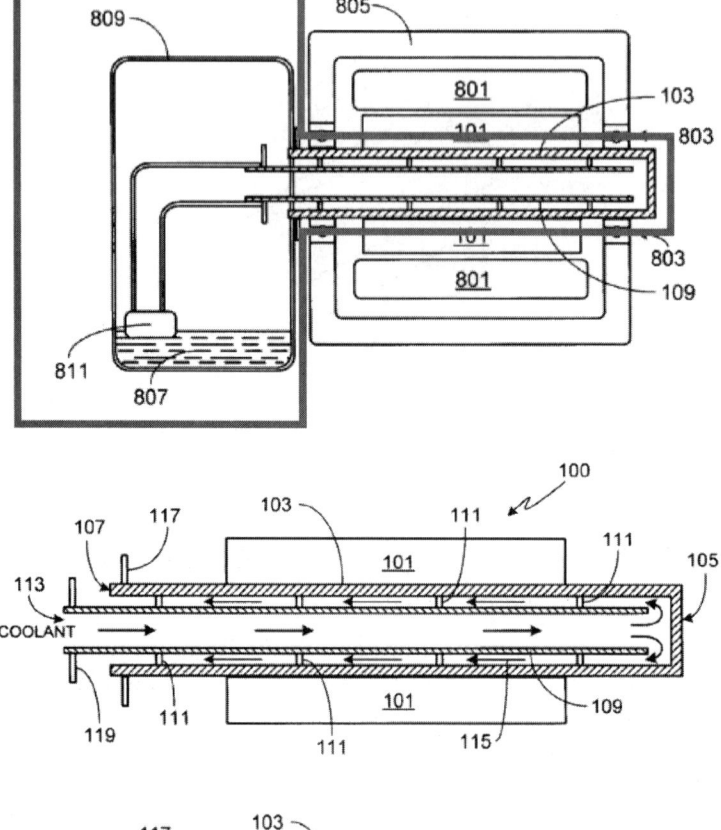

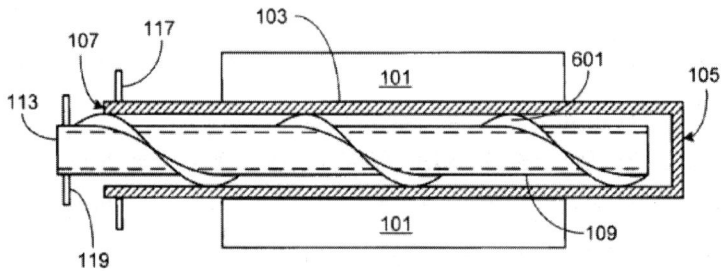

그림 2-34. 테슬라 전기자동차 모터 회전자 냉각
특허 US7489057호, US7579725호 및 US9331552호

테슬라(TESLA) 유도전동기(IM)의 파워의 비밀
▷ 고정자 및 회전자 냉각(冷却) 시스템

테슬라(TESLA)社가 어떻게 전기 모터(Motor)로 이렇게 대단하고, 훌륭한 전기자동차를 만들었지???
그 비밀은 바로 냉각(冷却) 시스템이다.

<u>최고시속 250[km], 제로백 0~100[km]를 도달하는 시간 4.4초[67], 최대출력 417마력[HP]</u>...

그림 2-31 내지 그림 2-34는 테슬라 유도전동기(IM)에서 고정자 및 회전자 냉각(冷却) 시스템을 나타낸다. 테슬라(TESLA)社는 약 100마력[HP]의 유도전동기(IM)를 사용하여 최대 4배 이상의 출력을 발생시킬 수 전기자동차를 발명했으며, 그 핵심은 유도전동기(IM)에서 히스테리시스(Hysteresis) 및 와전류(Eddy current) 손실로 인하여 발생하는 고정자 및 회전지의 열을 가장 효과적으로 냉각(冷却)시키는 것에 있다.

바로 테슬라(TESLA)社가 전기자동차의 심장인 모터를 회전자에 영구자석이 박혀있는 영구자석 동기전동기(PMSM: Permanent Magnet Synchronous Motor)를 선택하지 않고 유도전동기(IM)를 채택한 가장 큰 이유는 바로 회전자의 속을 파내고 냉각(冷却)시키기 위한 것으로 분석된다.

테슬라(TESLA)社를 제외한 전 세계 다른 전기자동차 회사는 제어특성이 우수한 영구자석 동기전동기(PMSM)를 주력 모터로 신택하였다. 하지만, 테슬라(TESLA)社는 전기지동차 출력의 한

---

67) 2016년도에 테슬라(TESLA)社는 제로백이 2.5초인 모델 S를 출시하여서 진정으로 슈퍼카(Super Car)의 반열에 들어서게 되었다.

계를 극복하는 발상의 전환으로 회전자 냉각(冷却) 기술을 채택했으며, 회전자가 알루미늄 다이케스팅(Aluminum Diecasting)된 유도전동기(IM)의 제어 성능은 다소 떨어지지만, 회전자를 파내고, 우수한 냉각(冷却) 특성을 가질 수 있었다. 그래서 유도전동기(IM)는 파워(Power)를 혁신적으로 향상시키기에 가장 좋은 전기자동차의 모터이라고 할 수 있을 것이다. 따라서 테슬라(TESLA)社의 엘론 머스크(Elon Musk) 회장은 그들이 출시한 전기자동차를 유도전동기(IM)의 세계 최초 발명가인 니콜라 테슬라(Nikola Tesla, 1856년-1943년)의 이름에서 "테슬라(TESLA)"로 명명(命名)하고, 그들의 혁신을 회사의 이름 속에서 나타내고 있다.

그림 2-35. 니콜라 테슬라 및 테슬라 연구실68)

---

68) 테슬라 연구실, 테슬라 사이언스 센터(Tesla Science Center): 미국의 뉴욕(New York) 남동부에 위치하며, 대서양 쪽으로 뻗어있는 길쭉한 모양의 다리로 연결된 롱 아일랜드(Long island) 섬에 테슬라가 생전(生前)에 연구하던 미국 연구소이다. 하지만, 현재 테슬라 사이언스 센터는 니콜라 테슬라를 기념하기 위한 발명품이 제대로 전시되지 못하고 있으며, 그래서 찾는 사람들도 많지 않고, 내부를 관람하기가 매우 어렵다.

그림 2-35는 니콜라 테슬라(Nikola Tesla)69) 및 테슬라 연구실을 나타낸다.

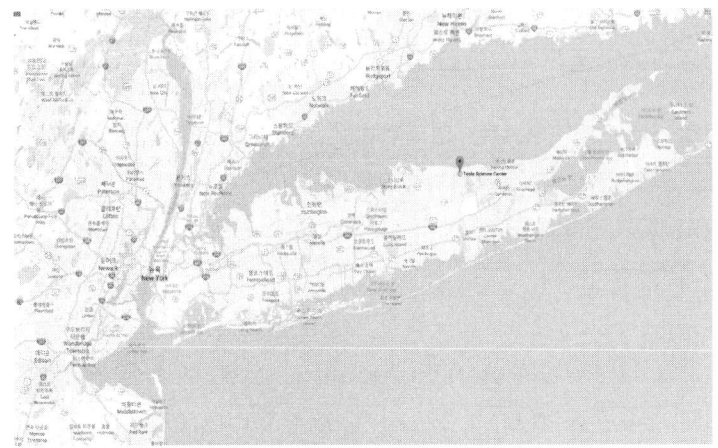

그림 2-36. 니콜라 테슬라 연구실 지도상 위치70)

그림 2-37. 니콜라 테슬라의 대표발명인 유도전동기 및 그 특허71)

---

69) 니콜라 테슬라(Nikola Tesla: 1856년~1943년): 교류(AC) 전류로 동작하는 유도 전동기 및 교류 시스템, 테슬라 코일(특고압 승압회로) 발명하였고, 라디오, 레이더 및 무선전력 전송 발전에 기여한 오스트리아 헝가리 제국 출신의 미국 과학자, 미국 에디슨 연구소에서 수년간 에디슨 아래에서 연구도 하였지만, 에디슨과 연구 성향(性向)이 달라서 그만두었으며, 철도 사업가인 웨스팅하우스(Westinghouse)와 손잡고 교류(AC) 시스템을 이용하여 전력사업을 발전에 기여하였고, 후대의 과학자들이 그의 공로를 기념하여 자기장의 단위를 테슬라[T]로 명명(命名)하였다.

70) 현재 테슬라 연구실인 테슬라 사이언스 센터는 그의 대표 발명품인 테슬라 타워(Tesla Tower)는 없어지고, 빨간색 벽돌 건물만 남아있다.

그림 2-36은 니콜라 테슬라 연구실 지도상 위치를 나타내며, 뉴욕(New York)시 옆의 롱아일랜드(Long Island)에 위치한다. 그림 2-37은 니콜라 테슬라의 대표발명인 유도전동기 및 유도전동기(IM) 특허 US381968호를 나타낸다.

바로 테슬라(TESLA)社 미국특허 US9030063호, US7489057호, US7579725호 및 US9331552호는 유도전동기(IM)의 출력을 향상시키기 위한 냉각(冷却) 기술에 관한 특허로 가장 핵심 기술이라고 분석된다.

테슬라(TESLA)社의 미국특허 US9030063호에는 유도전동기(IM)의 고정자 외부에 냉매(Coolant)가 흐를 수 있는 냉각 통로와과 유도전동기(IM)의 회전자 중심을 파내어 냉매(Coolant) 통해서 회전자의 열을 빼내는 냉각(冷却) 기술을 소개하고 있다. 또한, 테슬라(TESLA)社의 미국특허 US7489057호, US7579725호 및 US9331552호에는 유도전동기(IM)의 회전자 냉각(冷却) 시스템에 대한 가장 핵심기술을 소개하고 있다. 유도전동기(IM)의 회전자 중심을 파내어, 회전 가능한 핀(Fin)이 있는 튜브(Tube)를 배치하고, 냉매(Coolant)가 튜브(Tube)의 중심에 유입(流入)되고, 튜브(Tube) 외측(外側)의 핀(Fin)을 통하여 회전자의 열을 외부로 전달시키는 것을 가장 핵심적인 기술로 분석된다.

---

71) 교류(유도) 전동기(Induction Motor): 1888년 미국 특허 US381968호 특허로 등록된 기술로서, 입력전원이 교류(AC: Alternating Current)로 회전하는 전동기이다. 니콜라 테슬라가 교류(유도) 전동기 발명하기 전(前)에는 전기에너지로 회전력을 발생하는 방법으로 단지 직류(DC: Direct Current) 전동기 밖에 없었으며, 직류(直流) 전동기는 회전을 위하여 반드시 정류자(整流子)와 탄소 브러시(Carbon Brush)가 필요하며, 직류 전동기가 회전하면서, 탄소 브러시가 정류자와 마찰되기에 직류 전동의 수명에는 항상 근본적인 한계가 있었다. 니콜라 테슬라는 직류 전동기의 문제점을 개선하며, 교류(交流) 전력시스템에서 회전력을 발생시킬 수 있는 유도(교류) 전동기의 발명을 통하여 교류 시스템의 완성을 할 수 있었다.(1888년 05월 01일 등록, 1887년 10월 12일 출원)

테슬라(TESLA) 전기자동차가 약 100마력[HP]의 유도전동기(IM)를 사용하여 최대 출력 417마력[HP]을 발생시키는 비밀은 바로 유도전동기(IM)의 고정자 및 회전자 냉각(冷却) 기술이며, 특히 그 중에서 회전자 냉각(冷却) 기술은 테슬라(TESLA)社만의 가장 독보적인 기술로서, 유도전동기(IM)가 가지는 파워(Power)의 한계를 뛰어넘는 최고의 기술이라고 할 수 있을 것이다.

테슬라社의 모든 기술(技術)과 특허(特許)의 하이라이트(Highlight)는 모터(Motor)의 회전자 열을 빼내는 냉각 시스템이고, **필자(筆者)**가 미국 등록 특허 US7489057호, US7579725호 및 US9331552호 보았을 때, 큰 감동이 밀려왔다.
"아하!!...그래서 테슬라 자동차가 400마력[HP] 이상의 **출력**을 낼 수 있었구나....!!"
테슬라社는 모터(Motor)가 가진 가장 근본적인 취약점인 모터의 파워(Power)가 약한 것을 근본적으로 향상시켰고 전기자동차가 진정한 출력의 자동차로 거듭날 수 있는 최고의 비밀은 바로 "유도전동기(IM) 냉각 시스템"이다.
그래서 테슬라社의 엘론 머스크(Elon Reeve Musk) 회장은 모터 회전자에 냉각 시스템의 적용을 위하여 회전자가 영구자석으로 된 영구자석 동기전동기(PMSM)가 아닌 회전자가 도체[정확히, 알루미늄 다이케스팅(Aluminum Diecasting)]로 된 유도전동기(IM)를 테슬라 자동차의 주력 모터로 선택한 것이다.

그렇다면, 테슬라(TESLA)社가 아닌 타사(他社)에서 주력 모터로 사용하는 영구자석 동기전동기(PMSM)는 제어가 쉽지만, 다음의 3가지 근본적인 문제점이 있었을 것이다.

- 첫째, 영구자석에서 발생하는 자기력 이상의 모터의 출력을 발생시키기 어려움
 - 둘째, 회전자에 영구자석이 삽입되어 있기에 회전자 냉각 시스템을 적용하기 힘듬
 - 셋째, 전기자동차 모터로 영구자석 동기전동기(PMSM)를 사용한 핵심 특허는 일본의 도요타 등 주요 자동차 회사가 모두 점유하고 있음

따라서 테슬라社의 엘론 머스크(Elon Reeve Musk) 회장이 추구한 발상의 전환은 바로 진정한 출력의 자동차로 거듭날 수 있는 최고의 방책(方策)을 유도전동기(IM)에서 찾은 것이고, 그래서 유도전동기(IM)로 전기자동차를 상용화시킨 회사는 오직 (Only) 테슬라(TESLA)社 밖에 없다.

그래서 필자(筆者) 감히 이렇게 말하고 싶다.
테슬라 전기자동차의 최고의 핵심 기술은 가솔린(휘발유) 및 디젤 엔진을 능가하게 전기 모터(Motor)가 출력이 발생되도록 "모터 냉각 시스템"을 구현하였다는 것이고, 이 점이 세계 최고의 전기자동차로 성장할 수 있는 최고의 발상의 전환을 한 것이다.
그래서 전기자동차가 가솔린(휘발유) 및 디젤 자동차를 능가하는 진정한 출력의 자동차로서 상용화했다는 점이다.
그 비밀을 유도전동기(IM)에서 찾았고, 그 기술을 아름답게 완성했기에 그래서 이 자동차 회사의 이름이 바로 테슬라(TESLA)인 것이다.

2-4. 배터리와 배치와 관련된 특허 기술

이 글을 쓰는 필자(筆者)로서 독자 여러분에게 제가 느낀 감동이 충분히 전달되었는지는 모르겠다. 하지만 분명한 것은 전기자동차의 파워(Power)의 한계를 아름답게 뛰어넘은 테슬라 전기자동차 "유도전동기(IM) 냉각 시스템"만으로 모든 기술을 다 알았다고 감동하기에는 너무나 성급하다.

테슬라(TESLA) 전기자동차의 모든 특허를 검토한 필자(筆者)가 보기에 진정한 출력의 자동차로 완성한 또 다른 비밀은 "리튬-이온 배터리 시스템"에 있다.

전기공학 공학박사이고 배터리 기술에 대하여 전반적으로 이해하는 필자(筆者)가 테슬라社 배터리 특허를 처음 보았을 때, 정말 특별한 감탄사가 나왔다.

"허걱!! 이렇게 무식(無識)하게.... 전기자동차 배터리를 만들었나??"

"세상에....이런 배터리로 전기자동차를 만들었나??"

"이런 배터리를 가지고....이렇게 멋진 차를 만들 수 있구나??"

과연 테슬라(TESLA)社는 타사(他社)의 전기자동차 배터리는 무엇이 다른 것인가??

먼저 몇몇 대표적인 전기자동차 배터리에 대하여 간단하게 보겠다. 그림 2-38은 GM社의 볼트(Volt)의 리튬-이온 배터리(60[kWh]급)이며, 그림 2-39는 니산社의 리프(Leaf)의 리튬-이온 배터리(24[kWh]급)이며, 그림 2-40은. 도요타社의 프리우스(Prius)의 리튬-이온 배터리(8.8[kWh]급)을 나타내고 있다.

그림 2-38. GM社의 볼트(Volt)의 리튬-이온 배터리(60[kWh]급)

그림 2-39. 니산社의 리프(Leaf)의 리튬-이온 배터리(24[kWh]급)

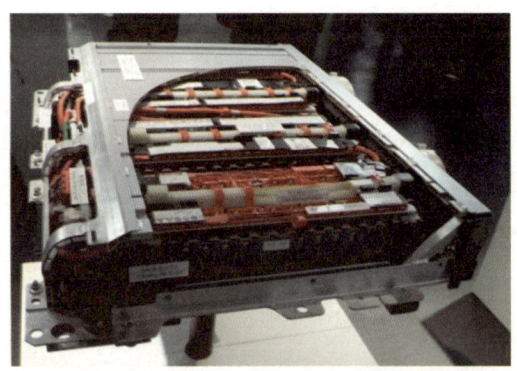

그림 2-40. 도요타社의 프리우스(Prius)의 리튬-이온 배터리(8.8[kWh]급)

타사(他社)의 전기자동차 리튬-이온 배터리는 사각형(Box Type)이다. 하지만, 테슬라(TESLA)社는 세계 최초로 AAA 건전지처럼 생긴 18650 리튬-이온 배터리를 사용하여 전기자동차를 만드는 유일한 회사이다. 특히 18650 리튬-이온 배터리는 일반적으로 노트북 또는 휴대용 가전제품의 배터리로 사용되는 것이며, 다른 전기자동차 회사는 박스(Box)형 리튬이온 배터리를 사용하는 것과 차별화되게 테슬라(TESLA)社는 약 6000[개] 내지 8000[개]의 18650 리튬-이온 배터리를 사용하고 있다.

이 책을 읽는 독자(讀者)들께서 혹시 18650 리튬-이온 배터리에 대하여 잘 모른다면, 아래의 그림 2-41과 같이 생긴 배터리를 의미한다.

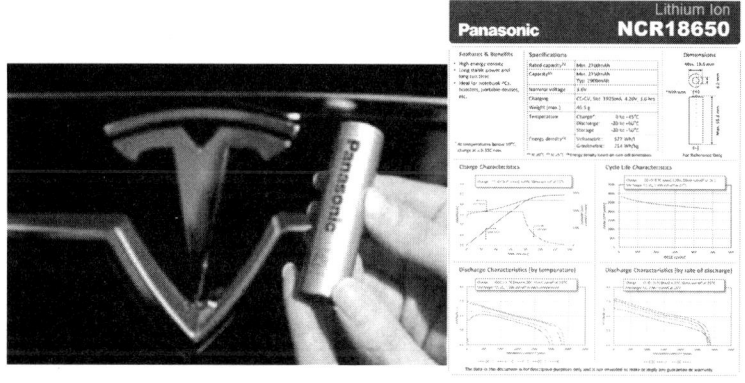

그림 2-41. 파나소닉 18650 리튬-이온 배터리 및 데이터 쉬트

테슬라(TESLA)社는 AAA 건전지처럼 생긴 18650 리튬-이온 배터리를 대략 몇 개나 사용해서 전기자동차를 만든 것인가?

파나소닉 18650 리튬-이온 배터리는 전류용량 3400[mAh] 전류용량, 전압 3.6[V]이며, 이를 바탕으로 다음과 같이 충분히 계산이 가능하다.

현재 테슬라 전기자동차의 배터리 용량은 크게 70[kWh], 85[kWh] 및 90[kWh][72)]의 배터리 용량으로 상용화하고 있다.
▷ 테슬라 전기자동차 전체 배터리 용량[kWh]
    = 배터리 개수[개] × 전류용량[mAh] × 배터리 전압[V]
으로 계산할 수 있다.

이를 바탕으로 테슬라 전기자동차 18650 리튬-이온 배터리 수는 다음과 같다[73)].
1) 70[kWh]의 경우 18650 리튬-이온 배터리 약 6216[개] 사용
2) 85[kWh]의 경우 18650 리튬-이온 배터리 약 7104[개] 사용
3) 90[kWh]의 경우 18650 리튬-이온 배터리 약 7548[개] 사용할 것으로 계산된다.

생각해 보기 바란다. 심지어 일반적인 휴대용 스마트-폰(Smart-Phone)도 이러한 18650 리튬-이온 배터리를 사용하지 않는다.

---

72) 현재 테슬라 모델 S, 모델 X는 70[kWh] 및 90[kWh] 급의 배터리 용량을 주력으로 상용화하고 있다. 테슬라(TESLA)社는 향후에 90[kWh] 급의 배터리 용량은 생산하지 않으며, 70[kWh] 및 100[kWh]로 할 것이고 발표하였다.
73) 필자(筆者)가 파나소닉 18560 배터리 전류용량 및 전압을 바탕으로 계산한 것이다. (1개 배터리 팩은 18560 배터리 444개로 구성됨)
    - 배터리 용량[kWh] = 배터리 개수[개] × 전류용량[mAh] × 배터리 전압[V]
    ① 70[kWh]급 = 6216[개] × 3400[mAh] × 3.6[V] = 76.08[kWh]
        (18560 배터리 444개의 배터리 팩이 총 14개 사용)
    ② 85[kWh]급 = 7104[개] × 3400[mAh] × 3.6[V] = 86.95[kWh]
        (18560 배터리 444개의 배터리 팩이 총 16개 사용)
    ③ 90[kWh]급 = 7548[개] × 3400[mAh] × 3.6[V] = 92.39[kWh]
        (18560 배터리 444개의 배터리 팩이 총 17개 사용)
    참고로 테슬라 전기자동차의 리튬-이온 배터리의 무게를 계산하면 다음과 같다.
    (18560 배터리 1개의 무게는 46.5[g]임)
    ① 70[kWh]급 = 6216[개] × 46.5[g] = 289.0[kg]
    ② 85[kWh]급 = 7104[개] × 46.5[g] = 333.3[kg]
    ③ 90[kWh]급 = 7548[개] × 46.5[g] = 351.0[kg]
    하지만, 배터리를 감싸는 주변 강판의 무게를 고려하면 테슬라社는 544[kg](85[kWh]급 기준)임을 밝히고 있다.

전기공학 공학박사인 필자(筆者)가 생각하기에 **"헉 이렇게 무식(無識)하게 만들었나??"**라는 생각이 든다.

테슬라 전기자동차 모델 S, 모델 X를 보면 날렵하고 세련된 차체(車體) 외관을 갖는다. 하지만, **배터리 팩(Pack)만 보자면 상당히 무식(無識)에 극치**라고 할까...

심지어 테슬라 전기자동차의 아름다운 외관을 보고, 그 배터리를 보자면, 피식하고 웃음이 나오기까지 한다.

마치 아름다움 속에 감추어진 뭔가 설명할 수 없는 무대포 정신과 무식(無識)함을 보는 느낌이라고 할까??

그림 2-42. 테슬라 전기자동차 리튬-이온 배터리 팩

하지만, 테슬라의 특허(特許)를 계속하여 보다보면, **묘한 반전(反轉)이 생긴다. 어...!! 이거 생각보다 괜찮겠는데....**

필자(筆者)가 보기에, 18650 리튬-이온 배터리를 사용한 테슬라 社는 상당히 좋은 상용화 및 연구개발 방향을 가지는 방식으로 배터리를 만들었다고 점점 생각이 모아진다.

그 이유는 아래의 5가지로 정리할 수 있다.

첫째, 18650 리튬-이온 배터리는 가격이 저렴하다. 한마디로, 누구나 손쉽게 구할 수 있는 표준형 배터리이기에 가격이 저렴한 것이 가장 큰 장점이다.

둘째, 원하는 배터리 전압과 원하는 배터리 용량을 마음대로 설계할 수 있다. 18650 리튬-이온 배터리는 1개의 배터리가 3.6[V]이며, 직렬 및 병렬 조합을 통하여 원하는 배터리 전압과 원하는 배터리 용량을 설계할 수 있다.

셋째, 전 세계의 모든 자동차 중에서 무게중심이 가장 낮다. 18650 리튬-이온 배터리를 약 6216[개] 내지 7548[개][74]를 사용하였고, 이를 강판으로 둘러싼 배터리 팩(Pack)이 약 550[kg][75] 정도이기에 이를 차량의 바닥 프레임(Frame)으로 사용한 테슬라 전기자동차는 무게중심 측면에서 가장 우수하다.

넷째, 전 세계 모든 자동차와 비교해도 고속 주행 시 가장 안정적이다. 테슬라 전기자동차 모델 S 및 모델 X의 경우 최대출력은 400마력[HP]이상이고, 약 550[kg]의 배터리 팩으로 인하여 무게중심이 가장 낮기 때문에 고속에서도 가장 안정적인 주행이 가능하다.

다섯째, 정면 및 측면 충격에서 가장 우수한 특성을 가진다. 테슬라 전기자동차 프렁크(Frunk: Front+Trunk의 합성어)라는 전기자동차 전면(前面) 공간으로 인해서 차량의 정면 충격에서 우수하며, 배터리 팩을 강판으로 둘러싸여져 있기에 차량의 측면(側面) 충격에서도 가장 우수하다.

테슬라社의 배터리 특허를 보면 볼수록...무식(無識)하다는 생각

---

[74] 필자(筆者)가 계산에 의해서 직접 산출한 것이기에 100% 정확하지 않을 수 있다. 하지만 대략적으로 일치하는 수치임에는 분명하다.

[75] 85[kWh]급 배터리에서 프레임을 포함한 총 무게가 약 550[kg]이다.

은 점점 사라지고, "어 이렇게 18650 배터리를 사용하는거.. 생각보다 괜찮은 방식이네..."라는 느낌이 점점 밀려든다.
즉 테슬라 전기자동차의 경쟁력이 바로 이 리튬-이온 배터리 팩(Pack)에서 구현되는 것을 알 수 있다.

그림 2-43. 테슬라 전기자동차 리튬-이온 배터리 실제 배치

전문가 입장에서 보자면, 테슬라(TESLA)社 리튬-이온 배터리의 최고 특허는 바로 배터리 배치에 있다.

테슬라 전기자동차의 배터리 분야 최고의 기술은 무엇인가?
▷ 바로 (1)배터리의 배치(Battery Placement), (2)배터리 관리 시스템(BMS: Battery Management System), (3)배터리 냉각 (Battery Cooling)에 있다.

테슬라社는 158건의 미국 등록특허 중에서 (1)리튬이온 배터리 배치(Battery Placement)와 관련하여 총 25건(15.8%) 특허를 출원하였으며, (2)배터리 관리 시스템(BMS: Battery Management System)과 관련하여 총 28건(17.7%)의 특허를 출원하였으며, (3)배터리 냉각(Battery Cooling)과 관련하여 총 14건(8.9%)[76]의 특허를 출원한 것으로 분석되었다.

즉 간단하게 말해서 **배터리와 관련하여 총 67건(42.4%)의 특허를 출원한 것**이다.

테슬라(TESLA)社는 전기자동차 차체(車體) 외관과 관련하여 총 44건(27.8%)의 특허와 디자인을 출원하였지만, **결국 가장 많이 특허로 출원한 기술은 배터리이며, 전체 158건의 특허 중에서 총 67건(42.4%)이 배터리와 관련된 특허에 해당**한다.

테슬라社는 정말 자동차 산업의 이단아(異端兒)[77]답다.

---

76) 테슬라社의 미국 등록특허 및 기술에 대한 분류는 본 필자(筆者)가 직접 수행한 것이다. 참고로, 표 5에서 모터, 배터리 등의 냉각기술(세부기술3)은 총 27건 (17.1%)이며, 보다 세부적으로는 (1)모터 냉각기술: 4건(2.5%), (2)배터리 냉각 기술: 14건(8.9%), (3)충전 케이블 냉각기술: 1건(0.6%), (4)전기자동차 전체 냉각 시스템: 8건(5.0%)으로 구성되어 있다.

77) 이단아(異端兒) : 전통이나 권위에 맞서 혁신적으로 일을 처리하는 사람

(1) 모터(Motor)도 영구자석 동기전동기(PMSM)가 아닌 유도전동기를 선택했으며,
(2) 배터리도 사각형(Box Type)이 아닌, AAA 건전지처럼 생긴 18650 리튬-이온 배터리를 선택한 것이다.

그럼 테슬라 전기자동차가 가진 최고의 배터리 기술은 무엇인가??
필자(筆者)가 분석하기에 바로 다음의 기술이다.

배터리를 세워서 전기자동차 차체(車體) 바닥에 배치한 것

특징적인 것은 배터리를 누워서 (+)극과 (-)극의 연결을 한 것이 아니라 세워서 배치하였다. 바로 이렇게 배터리를 세워서 배치하면, 자동차의 전면(前面) 또는 측면(側面) 충격에 가장 강인한 구조가 된다[78].

그림 2-43의 나타난 배터리 배치(Battery Placement) 기술이 테슬라社의 배터리 특허 속에 고스란히 녹아있다.

그림 2-43은 테슬라 전기자동차 리튬-이온 배터리 실제 배치를 나타내며, 그림 2-44는 테슬라 전기자동차 리튬-이온 배터리의 직렬 및 병렬연결에 관한 특허 US7433794호[79]이며, 그림 2-45 및 그림 2-46은 리튬-이온 배터리 배치판에 관한 특허 US8216502호, US8833499호 및 US9577227호에 관한 것이다. US7433794호에서는 리튬-이온 배터리를 세워서 직렬 및 병렬로 연결시키는 것[80]을 기술적 특징으로 한다.

---

[78] 만약에 배터리를 누워서 (+)극과 (-)극의 연결하였다면, 자동차의 전면(前面) 또는 측면(側面) 충격시 (+)극과 (-)극은 눌리게 되고, 최악의 경우 폭발사고가 생길 수 있다.
[79] 테슬라社의 US7433794호는 배터리 배치보다는 배터리 팩(Pack)의 각 셀의 전압을 균일하게 제어하는 배터리 관리 시스템(BMS: Battery Management System)의 핵심특허이다.

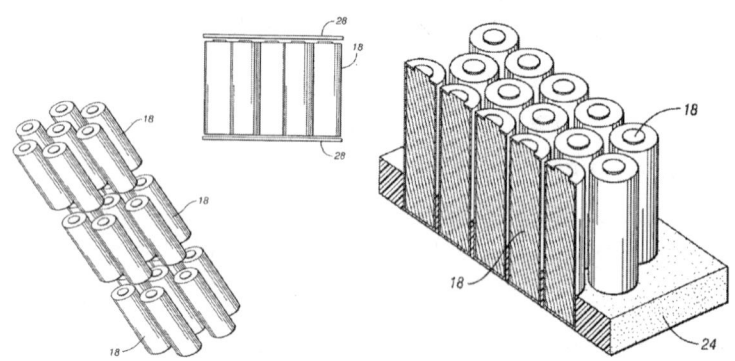

그림 2-44. 테슬라 전기자동차 배터리 배치 특허 US7433794호

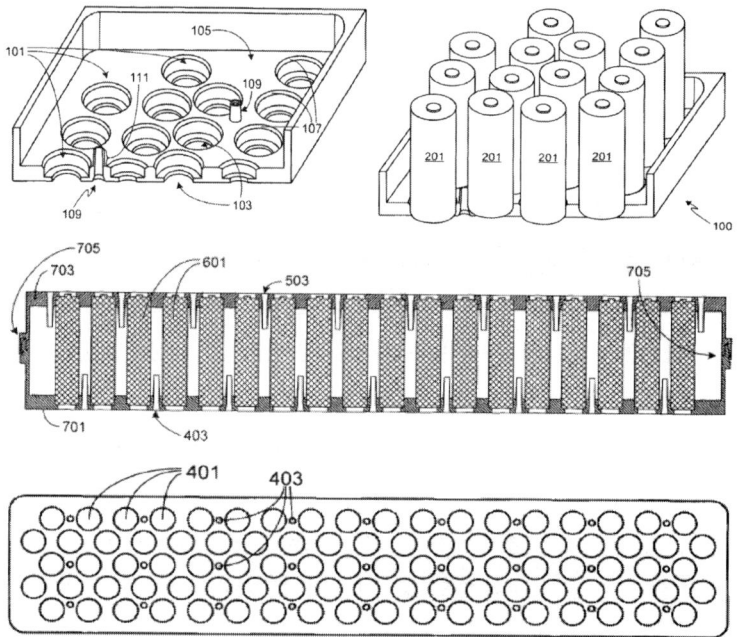

그림 2-45. 테슬라 전기자동차 배터리 배치판 특허 US8216502호

---

80) 테슬라社는 1개 배터리 팩(Pack)은 18560 리튬-이온 배터리 444개로 구성되며, 7개의 18560 배터리가 직렬 연결된 구조로서 3.6 × 6 = 21.6[V]의 배터리 팩(Pack) 전압을 나타낸다.

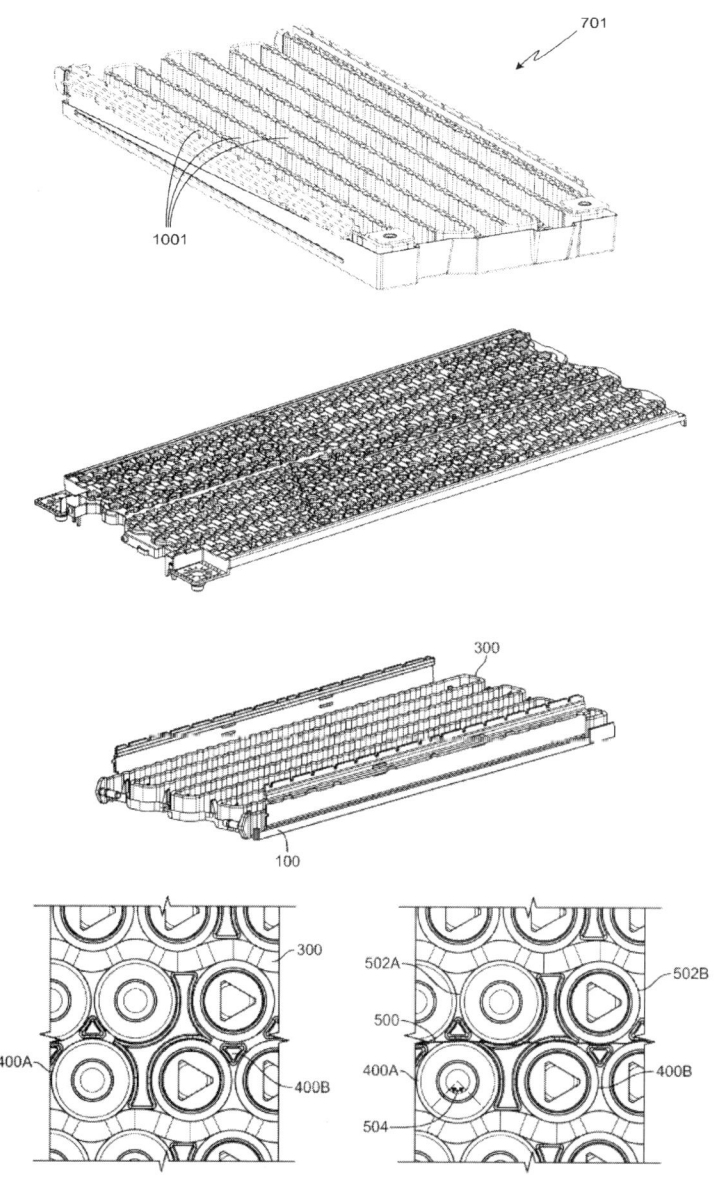

그림 2-46. 테슬라 전기자동차 배터리 배치판 특허 US8833499호, US9577227호

그림 2-47은 테슬라 전기자동차 배터리 충격흡수 및 열관리 특허 US8906541호를 나타낸다. 이 특허를 통하여 테슬라(TESLA)社는 배터리 충격흡수를 위하여 18650 리튬-이온 배터리를 지그재그(Zigzag)로 배치하는 것을 기술적 특징으로 하며, 그 사이에 물결모양의 냉각 채널(Cooling Channel)을 배치시키는 것을 기술적 특징으로 한다.

테슬라社는 배터리의 단순한 배치만을 고려한 것이 아니라, 자동차 사고 시 충격흡수를 위하여 18650 리튬-이온 배터리를 지그재그(Zigzag)로 배치하며, 물결모양의 냉각 채널(Cooling Channel)을 이용하여 충격흡수를 하도록 하였다.

그림 2-47에서 리튬-이온 상측 배터리 판과 하측 배터리 판을 분리시켜 배치하여서, 18650 리튬-이온 배터리에서 상측 또는 하측 배터리 판의 특정(特定) 부분에서 충격이 발생하여도, 배터리의 충격이 전달되지 않도록 배터리 판을 설계하였다.

그림 2-48은 테슬라 전기자동차 개별 배터리 팩(Pack)을 나타내며, 그림 2-49는 배터리 팩(Pack) 특허 US7820319호 및 US8277965호를 나타낸다. 여기서 개별 배터리 팩(Pack)은 444개로 이루어져 있다.

그림 2-50은 테슬라 전기자동차 전체 배터리 팩(Pack)을 나타내며, 개별 배터리 팩(Pack)이 14개 내지 17개 배치되며, 그림 2-51은 테슬라 전기자동차 전체 배터리 팩(Pack) 특허 US8268469호, US8393427호, US8557415호, US8663824호, US8696051호, US8875828호 및 US9045030호를 나타낸다.

테슬라社는 18650 리튬-이온 배터리의 보호를 위하여 1차적으로 배터리를 지그재그(Zigzag)로 배치하며, 물결모양의 냉각 채널(Cooling Channel)을 이용하여 충격흡수를 하도록 하였다.

2차적으로는 이를 18560 리튬-이온 배터리 약 444개를 1개의 개별 배터리 팩(Pack)으로 보호하였고, 3차적으로는 개별 배터리 팩(Pack)이 14개 내지 17개를 전체 배터리 팩(Pack)에 배치하여서 보호하고 있다.

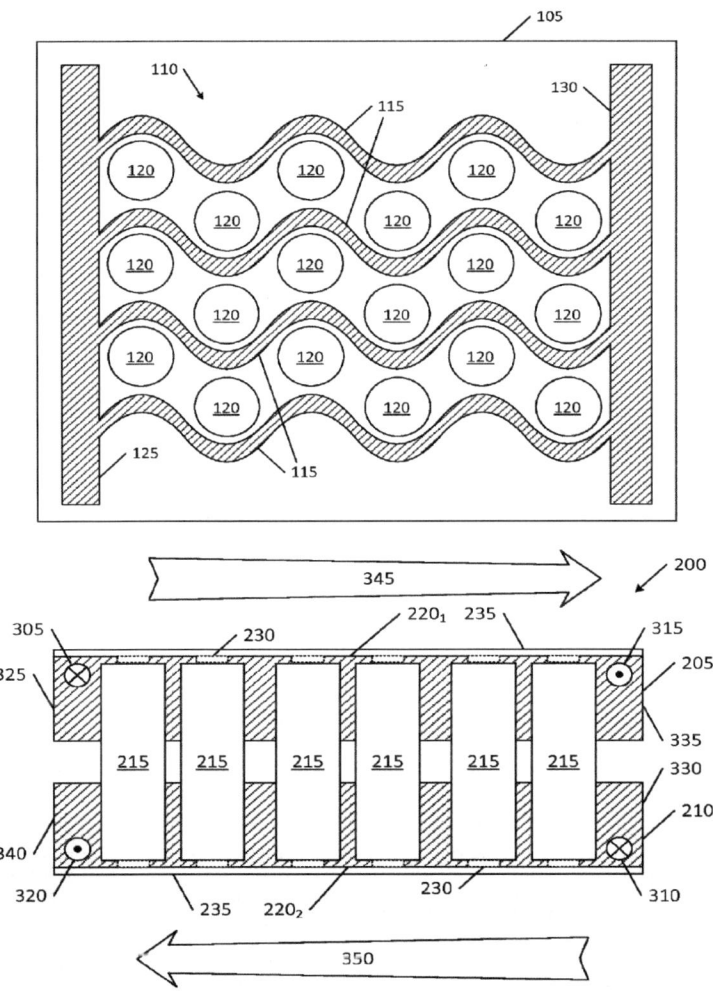

그림 2-47. 테슬라 전기자동차 배터리 충격흡수 및 열관리 특허 US8906541호

그림 2-48. 테슬라 전기자동차 배터리 팩(Pack)

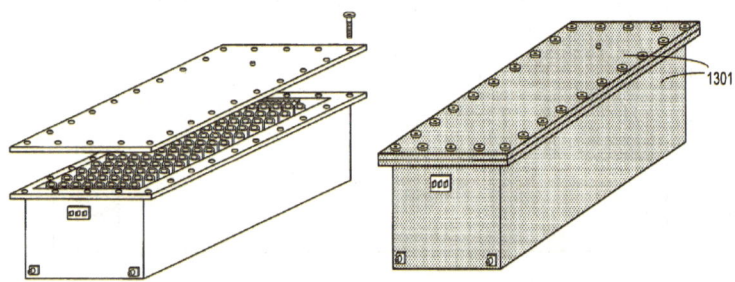

그림 2-49. 테슬라 전기자동차 배터리 팩(Pack) 특허 US7820319호 및 US8277965호

그림 2-50. 테슬라 전기자동차 배터리 팩(Pack)

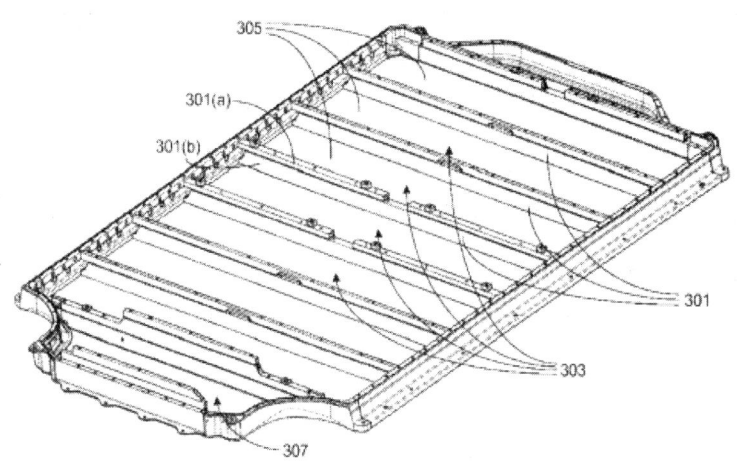

그림 2-51. 테슬라 전기자동차 배터리 팩(Pack) 특허 US8268469호, US8393427호, US8557415호, US8663824호, US8696051호, US8875828호 및 US9045030호

그림 2-52는 테슬라 전기자동차 배터리 보호 강판 특허 US8696051호 및 US8383427호를 나타내며, 그림 2-53은 테슬라 전기자동차 배터리 팩(Pack)을 나타낸다. 바로 특허 US8696051호 및 US8383427호를 통하여 테슬라社는 전체 배터리 팩(Pack)의 외부에 보호 강판을 외부에 배치함을 통하여 자동차 사고로부터 18650 리튬-이온 배터리를 보호하도록 설계하였다.

> (정리) 테슬라 전기자동차 배터리 보호방식
> - 1차 보호 : 배터리를 지그재그(Zigzag)로 배치하며, 물결모양의 냉각 채널(Cooling Channel)을 이용하여 충격흡수
> - 2차 보호 : 18560 리튬-이온 배터리 444개를 1개의 개별 배터리 팩(Pack)으로 보호

> - 3차 보호 : 개별 배터리 팩(Pack) 14개 내지 17개를 전체 배터리 팩(Pack)에 배치하여 보호
> - 4차 보호 : 전체 배터리 팩(Pack)의 외부에 보호 강판을 외부에 배치함을 통하여 자동차 사고로부터 18650 배터리를 보호

그림 2-53에서 개별 배터리 팩(Pack) 14개 내지 17개를 전체 배터리 팩(Pack)에 배치하며 감싸는 전체 배터리 팩(Pack)을 나타내며, 그림 2-54은 테슬라 전기자동차 전체 배터리 팩(Pack) 특허 US8268469호, US8393427호, US8557415호, US8663824호, US8696051호, US8875828호 및 US9045030호를 나타낸다.

그림 2-55는 테슬라 전기자동차 배터리 배치 특허 US8393427호, US8696051호, US8833499호 및 US9045030호를 나타낸다. 85[kWh]급에서 배터리 총 무게가 약 550[kg]이다.

바로 테슬라 전기자동차는 엄청난 강점을 가지는데, 전기자동차뿐만이 아니라 전 세계 모든 자동차 중에서 무게중심이 가장 낮은 자동차라고 할 수 있다.

> 테슬라 전기자동차 배터리 배치로 인한 장점
> - 전 세계 모든 자동차 중에서 무게중심이 가장 낮은 자동차이다.
> - 고속 주행에서 가장 안정적인 자동차이다.

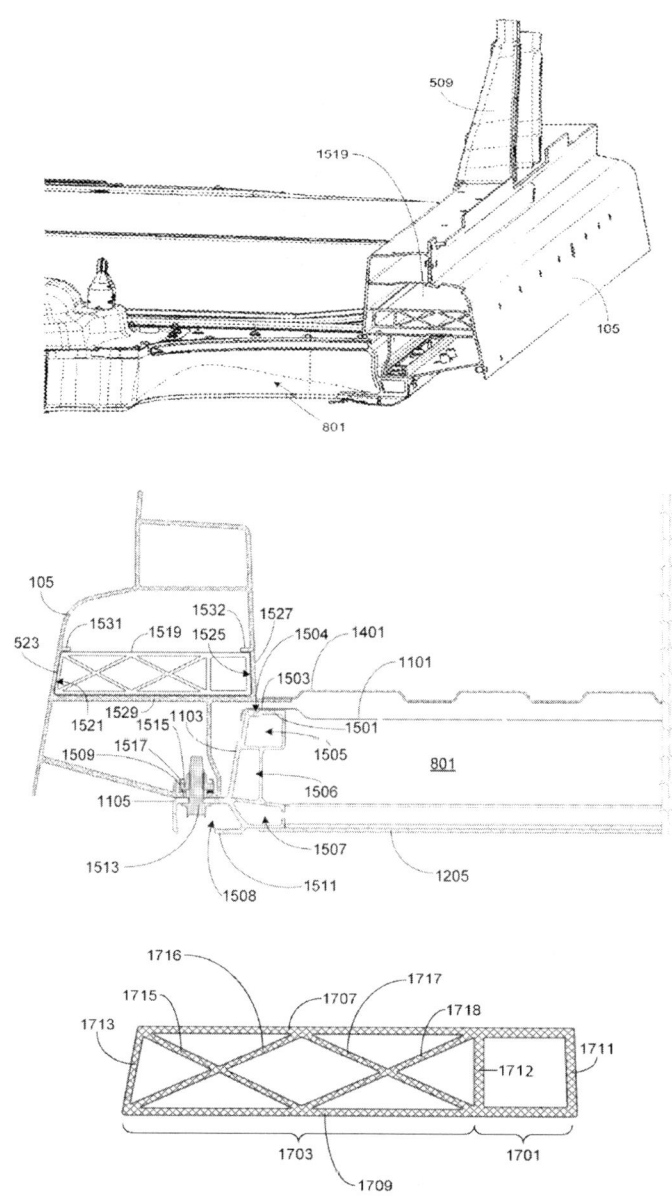

그림 2-52. 테슬라 전기자동차 배터리 보호 강판 특허 US8696051호 및 US8383427호

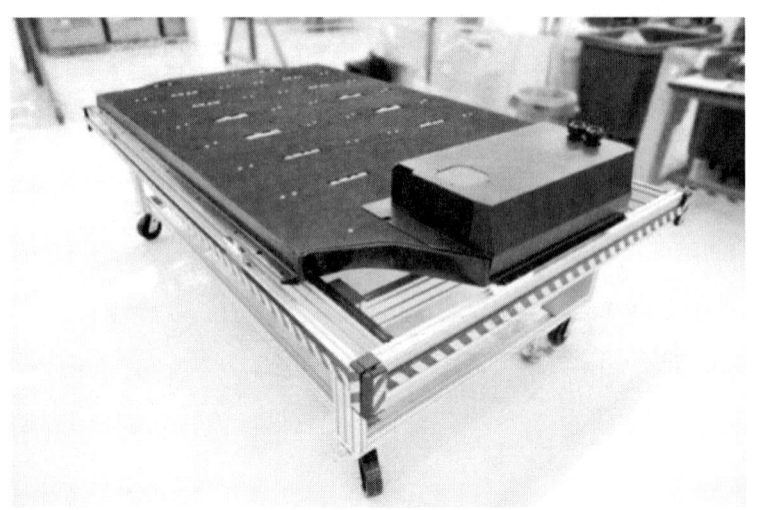

그림 2-53. 테슬라 전기자동차 배터리 팩(Pack)

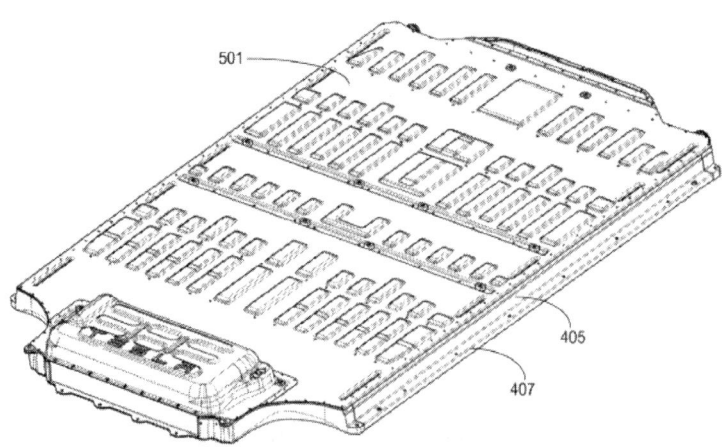

그림 2-54. 테슬라 전기자동차 배터리 팩(Pack) 특허 US8268469호, US8393427호, US8557415호, US8663824호, US8696051 호, US8875828호 및 US9045030호

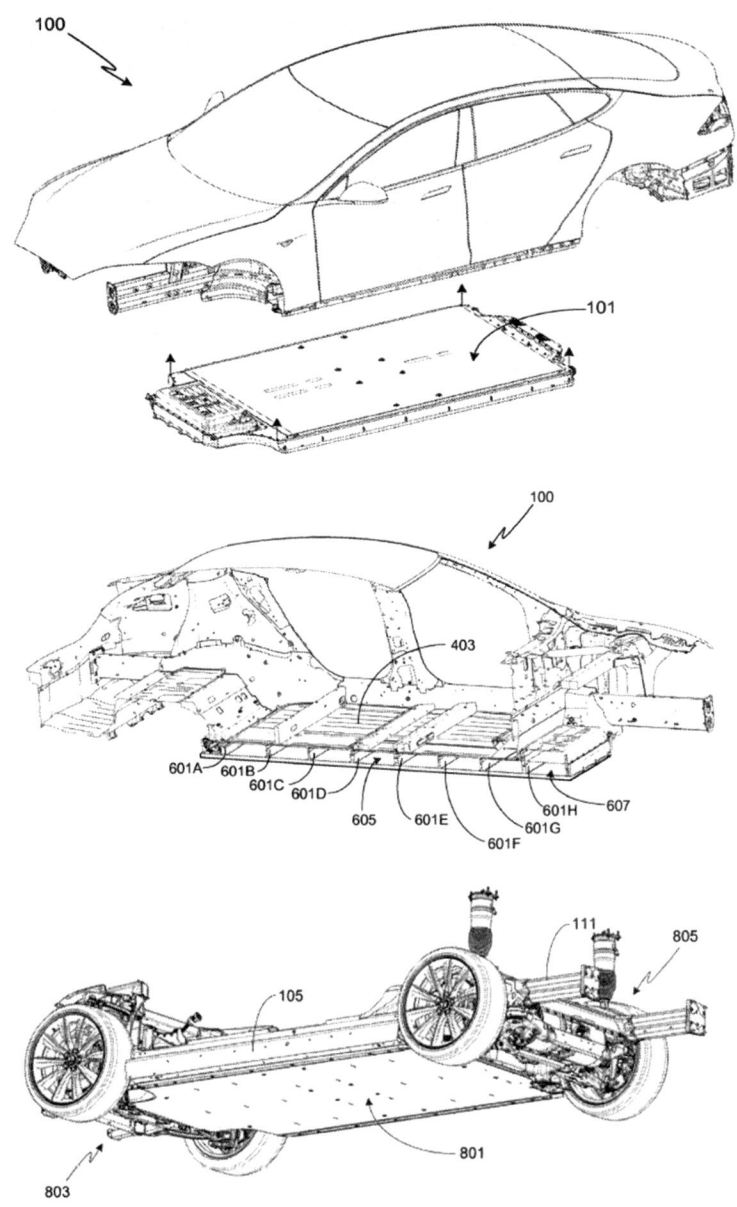

그림 2-55. 테슬라 전기자동차 배터리 배치 특허 US8393427호,
US8696051호, US8833499호 및 US9045030호

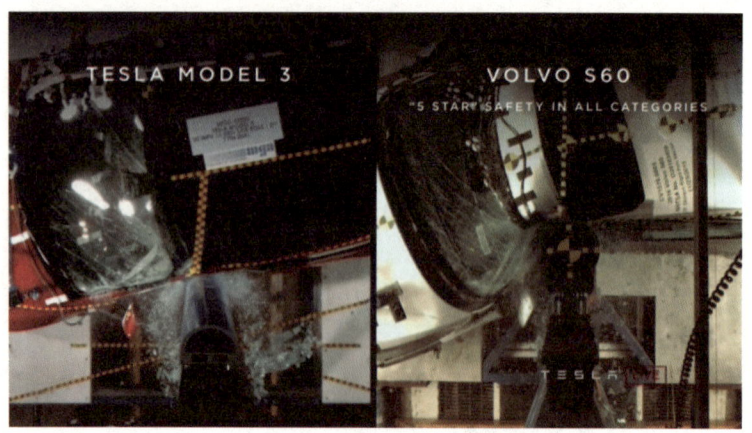

그림 2-56. 테슬라 모델 3과 볼보 S60의 측면충격 테스트

2017년 8월

테슬라(TESLA)社는 미국 도로교통안전국(NHTSA)의 안전 평가의 모든 부문에서 별 다섯 만점을 받은 2016년형 볼보 S60과 테슬라 모델 3과 측면에서 32[km/h]로 충돌시험을 하였던 결과를 공개하였다(그림 2-56 참조).

이 자리에서 테슬라社 회장인 엘론 머스크(Elon Reeve Musk)는 "볼보 차량은 이제 세계에서 두 번째로 안전한 자동차"라는 농담을 하면서, 자동차 측면 충격에서 테슬라 전기자동차가 가장 강인함을 강조하였다.

테슬라 전기자동차의 측면충돌 시험에 대한 자신감의 바탕에는 배터리의 보호기술이 가장 중요한 몫을 차지하고 있다.

테슬라 전기자동차 배터리 보호로 인한 장점
- 전 세계 모든 자동차 중에서 정면 및 측면 충격에서 가장 강인성 및 안정성을 가진다.

2-5. 배터리 냉각, 예열 및 관리와 관련된 특허 기술

2016년 9월
국내의 대기업인 S전자에서 생산된 최신 스마트 폰(Smart-Phone)이 폭발하는 사고가 있었다.

그림 2-57. S전자 스마트 폰 폭발 사고

일반적으로 스마트 폰(Smart-Phone)의 배터리 용량은 약 10~15[Wh]이며, 테슬라(TESLA) 전기자동차의 용량은 70[kWh], 85[kWh] 및 90[kWh]이다.
간단히 이야기해서 스마트 폰(Smart-Phone)의 배터리 용량에 약 4600~9000배에 정도가 바로 테슬라 전기자동차의 배터리 용량이 되는 것이다.

여기서 독자(讀者) 여러분에게 질문하나 하겠다.
S전자 스마트 폰(Smart-Phone)의 배터리는 왜 폭발한 것일까? 뭐 어렵게 대답할 이유도, 필요도 없다.
"배터리에서 열이 많이 발생했기 때문"이다.

S전자 스마트 폰(Smart-Phone)는 세계에서 가장 높은 배터리 용량을 가지고 있다. 더불어 스마트 폰의 개념을 만든 스티브 잡스(Steve Jobs)[81]가 만든 애플(Apple)사의 스마트 폰에도 절대 없는 아주 특별한 기능이 있다.
"그것은 바로 고속 충전(adaptive fast charge) 기능이다."

고속 충전(adaptive fast charge) 기능이라면, 뭐 그냥 빠르게 배터리를 충전시키는 기능이며, 그 원리는 간단하게 완속(緩速)충전보다 고속(高速)충전에서 충전전압을 약 20~50% 높게 설정하여, 배터리의 전류(Current)를 높여서 배터리를 더욱 빠르게 충전하는 방식을 의미한다.
더불어 S전자 스마트 폰은 그림 2-58과 같이 매우 우수한 방수(防水) 성능도 보이고 있다.

---

81) 스티브 잡스(Steve Jobs: 1955년~2011년): 리드(Reed) 대학을 중퇴하고, 매킨토시 컴퓨터, 아이폰, 아이패드, 아이팟을 개발하여, 핸드폰의 개념을 스마트폰으로 변화시키고, 우리의 삶의 패턴을 스마트폰 안에서 새롭게 구현한 발명가, 손꼽히는 갑부이며, 미국의 기업인

그림 2-58. 우수한 방수(防水) 성능을 보이는 S전자 스마트 폰

그렇다면 배터리에서 발생하는 열은??... 어디로??..

S전자의 스마트폰은..
배터리 용량은 세계최고(最高), 배터리 충전시간은 세계 최단(最短)시간, 거기에 탁월한 방수(防水)성능, 수많은 어플리케이션(application) 앱(App)과 기능 등...
결국 S전자가 무시한 팩트(Factor)가 있다면, 배터리 냉각(冷却)이라고 할까??

테슬라社의 특허를 살펴보면, 총 158건의 특허 중에서 14건(8.86%)이 배터리 냉각에 관한 기술이며, 28건(17.7%)이 배터리 관리 시스템에 관한 기술이다.
생각해 보기 바란다.
스마트 폰(Smart-Phone)의 배터리 용량에 약 4600~9000배의 전기자동차 배터리가 폭발한다면...어떻게 될까??

아마 전기자동차가 운전자가 타고 있었다면, 마치 발 아래서 폭탄 터지는 경우와 비슷할 것이다.

테슬라(TESLA)社의 배터리 특허(特許)를 바라보면, 이들이 전기자동차의 배터리 열관리 및 안전에 대하여 심혈(心血)의 노력을 기울이고 있음을 확인할 수 있었다.

그래서 테슬라社의 배터리 특허를 볼수록 아름다움 속에 감추어진 뭔가 설명할 수 없는 무대포 정신과 무식(無識)함이라는 첫 느낌은 점점 옅어진다. 그리고 어...!! 이거 생각보다 **괜찮겠는데.... 묘한 반전(反轉)**이 생기게 됨을 독자(讀者) 여러분들도 조금은 느끼시리라 생각된다.

그림 2-59 및 그림 2-60은 테슬라(TESLA) 전기자동차 배터리 열 검출 및 열 관리 특허 US8154256호 및 US8263250호를 각각 나타낸다. 테슬라社는 전기자동차 배터리의 열 검출을 위해서 매우 특별한 방법을 사용하고 있다. 바로 지그재그(Zigzag)로 배치된 18650 리튬-이온 배터리 사이를 마치 물결 모양처럼 생긴 열 접속부(그림 2-60의 도면부호 103)이 접속하게 된다. 그리고 배터리(201)의 전압을 인가하여 저항(203)의 전압을 검출(105)하고, 이를 바탕으로 18650 리튬-이온 배터리의 열 검출을 수행하는 것을 기술적 특징으로 한다.

공학적으로 설명하자면, 테슬라社의 배터리 열 검출 원리는 간단하다. 즉 금속인 열 접속부(103)는 온도에 비례하는 특성을 가지고 있다. 온도가 올라가면 열 접속부(103)의 저항 값이 증가하고, 온도가 낮아지면, 열 접속부(103)의 저항 값이 감소한다. 그림 2-59에서 배터리(201)의 전압은 직렬로 연결된 열 접속부(103)의 전체 저항과 저항(203)에 나누어지게 된다. 따라서 18650 리튬-이온 배터리의 온도가 올라가면, 열 접속부(103)의 전체 저항은 증가하기 때문에 저항(203)에 인가되는 전압 값이 낮아지게 된다. 즉 주 제어기(System Controller, 901)는 저항(203)에 인가되는 전압 값이 특정(特定) 전압 이하가 되면, 18650 리튬-이온 배터리가 과열(過熱) 상태라고 판단하는 것을 기술적 특징으로 한다.

따라서 저항(203)에 인가되는 전압 값을 바탕으로 18650 리튬-이온 배터리가 과열(過熱) 상태를 판단하고, 이를 바탕으로 배터리 냉각 시스템(Battery Cooling System, 909), 화재방지 시스템(Fire Control System, 911), 경고발생(Warning indicator, 905), 부하 제어(Load Controller, 907)[82] 등을 수행하고 있다.

그림 2-61은 테슬라(TESLA) 전기자동차 배터리 열 관리 시스템을 나타낸다. 이러한 테슬라社의 열 검출 시스템을 평가하자면, 매우 저가(低價)의 방식으로 18560 리튬-이온 배터리의 열을 검출하는 시스템을 구현한 것이며, 동시에 18560 리튬-이온 배터리의 안정성을 향상시키며, 18560 리튬-이온 배터리의 특정(特定) 지점(Point)의 열이 아니라 전체적인 열을 관측할 수 있는 장점이 있다고 평가할 수 있다.

테슬라 전기자동차 배터리 열 검출 시스템의 장점
1) 매우 저가(低價)의 열 검출 시스템이다.
2) 18560 리튬-이온 배터리의 충격을 보호한다.
3) 18560 리튬-이온 배터리의 특정(特定) 지점이 아닌 전체적인 열을 검출할 수 있다.

---

[82] 배터리 과열시 전기자동차의 모터(Motor) 등의 부하(Load) 등을 종합적으로 제어하는 시스템

일반적으로 열 검출은 서머커플러(Thermocoupler)[83]라는 소자를 사용하고 있다.

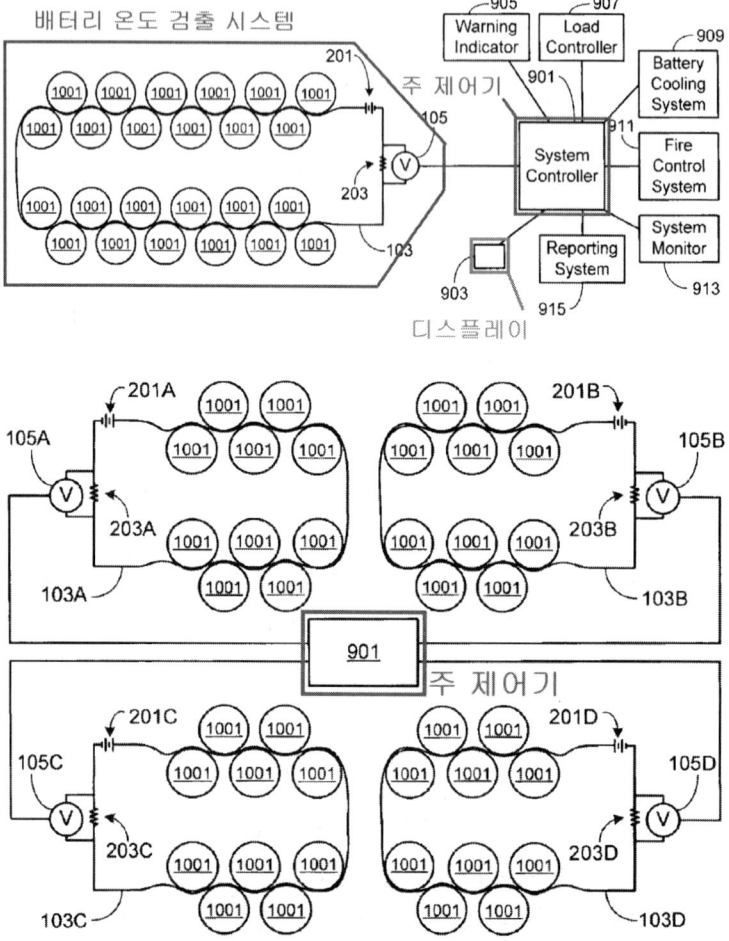

그림 2-59. 테슬라 전기자동차 배터리 열 검출 및 열 관리 특허 US8154256호

---

83) 대표적인 온도 센서의 일종으로 온도의 값을 전압의 값으로 변환시켜주는 소자이다.

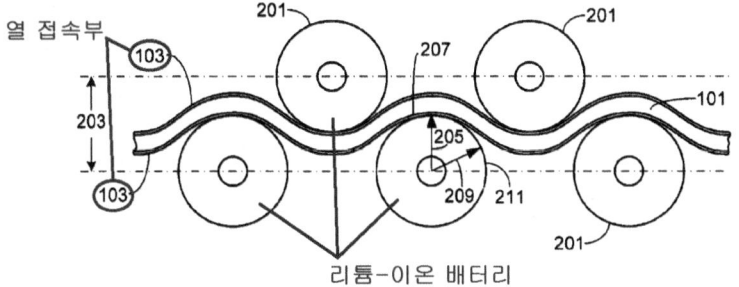

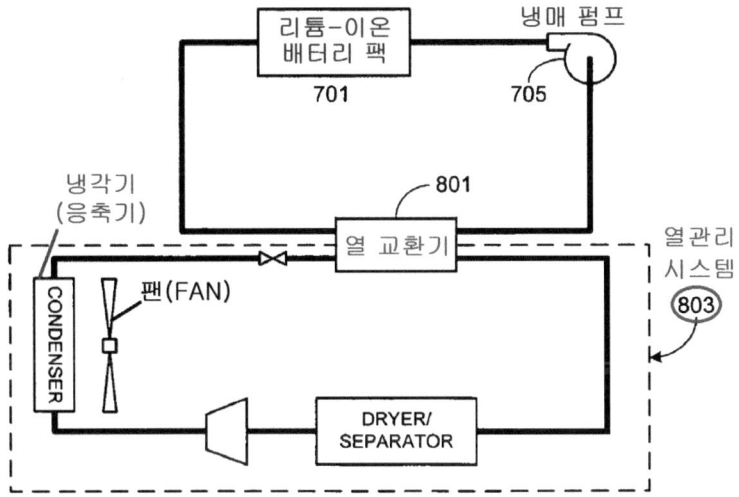

그림 2-60. 테슬라 전기자동차 배터리 열 검출 및 열 관리 특허
US8263250호

그림 2-61. 테슬라 전기자동차 배터리 열 관리 시스템

그림 2-62는 일반적인 서머커플러(Thermocoupler)의 형상 및 원리를 나타낸다. 서머커플러는 온도가 높은 온접점과 온도가 낮은 냉접점 사이에 열기전력이 발생하고, 전압을 검출할 수 있는 대표적인 온도검출 센서이다.

그림 2-62. 일반적인 서머커플러의 형상(좌측) 및 원리(우측)

테슬라(TESLA)社는 매우 저가(低價)이며, 18650 리튬-이온 배터리의 충격을 보하며, 18560 리튬-이온 배터리의 특정(特定) 지점이 아닌 전체적인 열을 검출할 수 있는 방식을 제안하여 특허(特許)로서 독점적인 권리를 획득하였다.

즉, 18650 리튬-이온 배터리를 가지고 전기자동차 메인(Main) 배터리를 사용하므로 저가(低價)의 방식이며, 18650 리튬-이온 배터리 팩의 열 검출 방식도 저가(低價)이면서 동시에 안정성을 높인 방식이다.

그래서 자꾸 반복하지만, 테슬라社 배터리 기술을 보자면, 어...!! 이거 생각보다는 정말 괜찮겠는데....굿(Good).... 묘한 반전(反轉)이 계속하여 생기게 된다.

여기서 특별히 감동에 대하여 말하고 싶다.
"세상 사람들은 그 누구보다 감동받고 싶은 욕구가 있다."
아니 어쩌면, 감동받을 모든 준비가 되어있다.
"제발 나를 감동시켜 주시길..."
아름다운 바다, 산, 강 등 자연이 만들어낸 예술 같은 장면...
또는 멋진 그림, 조각 등 예술작품...

심지어 멋진 현악 4중주 연주...
대한민국 최고의 가수들이 열창할 때 느끼는 온몸을 전율시키는 그 특별한 감동...

(a) 중국의 장가계(張家界)

(b) 미켈란젤로의 천지창조

(c) 세계 3대 테너(플라시도 도밍고, 호세 카레라스, 루치아노 파바로티)

그림 2-63. 온몸을 전율시키는 특별한 감동을 주는 것들

그림 2-63은 온몸을 전율시키는 특별한 감동을 주는 것들을 나타낸다. 필자(筆者)는 물론 이렇게 아름다운 자연, 예술품, 그리고 음악 등에서 감동을 받는다.

하지만, 진(前) 대한민국 특허청 심사관으로 11년간 총 3000여건 이상[84]을 담당심사관으로 특허심사를 했으며, 전기공학 공학박사이고, 특허전문가인 입장에서 온몸을 전율시키는 특허(特許)를 만나고 싶다.

아니 정말 그런 기술(技術)과 특허(特許)를 만나고 싶고, 지금은 변리사로서, 그런 특허의 대리인을 맡고 싶다.

"즉, 필자(筆者)는 세상을 바꾸는 진정한 기술(技術)과 특허(特許)를 통해서 내 삶이 감동받고 싶은 엄청난 욕구가 있다."

무엇보다 엘론 머스크(Elon Reeve Musk) 회장과 테슬라(TESLA)社의 기술(技術)과 특허(特許)는 마치 최고의 아름다운 자연, 예술품, 그리고 음악 등과 같이 기술을 이해하면 할 수록 "와우~~!!"라는 평가를 내리기에 충분한 것 같다.
그래서 지금 그 감동을 나누고 싶기 때문에 이 책을 쓰고 있는 것이다.

앞서 언급한 바와 같이 테슬라 전기자동차의 메인(Main) 배터리는 18650 리튬-이온 배터리를 사용하였고, 그 수는 70[kWh]의 경우 약 6216[개]/ 85[kWh]의 경우 약 7104[개]/ 90[kWh]의 경우 7548[개]를 사용한 것으로 계산되었다[85]. 그

---

84) 필자(筆者) 전기분야를 중심으로 특허, 실용신안, 국제특허(PCT)를 포함하여 총 3187건의 담당 심사를 하였다.
85) 필자(筆者)가 파나소닉 18560 배터리 전류용량 및 전압을 바탕으로 계산한 것으로 거의 일치할 것으로 생각된다.

렇다면, 무려 6200개 내지 7600개의 모든 18650 리튬-이온 배터리마다 열을 검출하게 열 접속부(103)를 접촉했을까??

만일 그렇다면 열 접속부(103)의 길이가 너무 길 텐데....
이에 대한 해결책을 테슬라(TESLA)社는 미국 특허 US8133278호를 통하여 공개하였다.

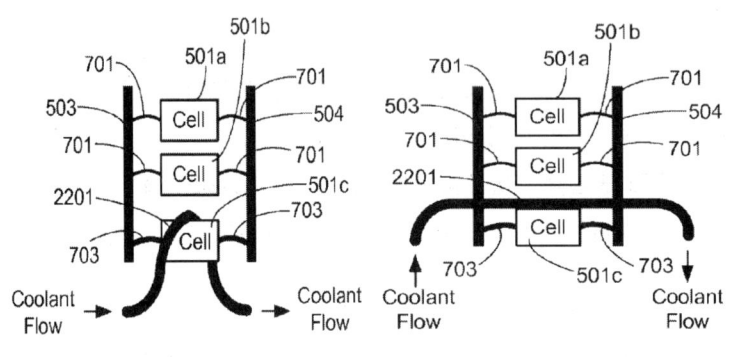

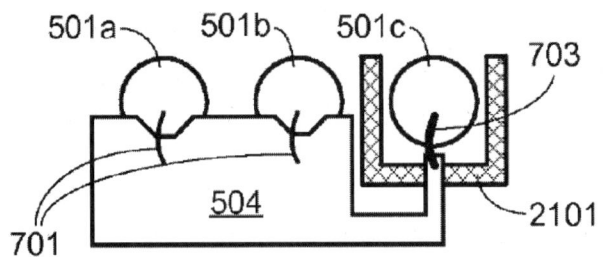

그림 2-64. 테슬라 전기자동차 배터리 열 검출 및 열 관리 특허 US8133278호

그림 2-64는 테슬라 전기자동차 배터리 열 검출 및 열 관리 특허 US8133278호를 나타낸다. 즉, 테슬라 전기자동차의 18650 리튬-이온 배터리의 모든 전기적 배선은 임피던스(Impedance)[86]가 동일하게 않게 설계하였다.

즉, 18650 리튬-이온 배터리가 일정(一定) 수를 군집한 배터리 팩(Pack)에서 특정(特定) 배터리를 마치 대장(大將) 배터리(501c)와 같이 마치 배터리의 전기적 임피던스(Impedance)를 낮게 하고, 배터리 팩(Pack)에서 다른 18650 리튬-이온 배터리보다 대장(大將) 배터리에서 전기적 임피던스(Impedance)가 낮기 때문에 열이 가장 많이 발생하게 하였다. 그리고 배터리의 열 검출 및 냉각(冷却)은 바로 이 대장(大將) 배터리(501c)를 중심으로 하는 것을 기술적 특징으로 하였다.

그림 2-65는 테슬라 전기자동차 배터리 열 관리 특허 US8647763호를 나타낸다. 이 특허를 통하여 테슬라 전기자동차는 약 50개 내지 100개의 18650 리튬-이온 배터리 그룹(Group) 별로 열관리를 함을 확인할 수 있으며, 테슬라(TESLA)社의 배터리 특허를 살펴보면, 저비용으로 전기자동차의 무게중심을 낮게 하며, 동시에 배터리의 폭발방지를 위해서 엄청난 노력을 기울였음을 확인할 수 있었다.

그림 2-66은 최악(最惡)의 상황과 직면하는 테슬라 전기자동차를 나타낸다. 자동차라는 것을 항상 최악(最惡)의 조건 속에서 동작해야만 하는 숙명(宿命)을 가지고 탄생(誕生)했다. 전기자동차라고 절대 예외를 아니고, 사고가 전혀 없는 꽃길만을 달릴 수 없고, 철도와 같이 레일(Rail)을 달리도록 설계되지도 않았다.
테슬라 전기자동차의 숙명(宿命)에서는 영하 30-40도의 극지에서도 달려야하는 운명(運命)은 필연(必然)인 것이다.

---

86) 교류저항을 임피던스(Impedance)라고 한다.

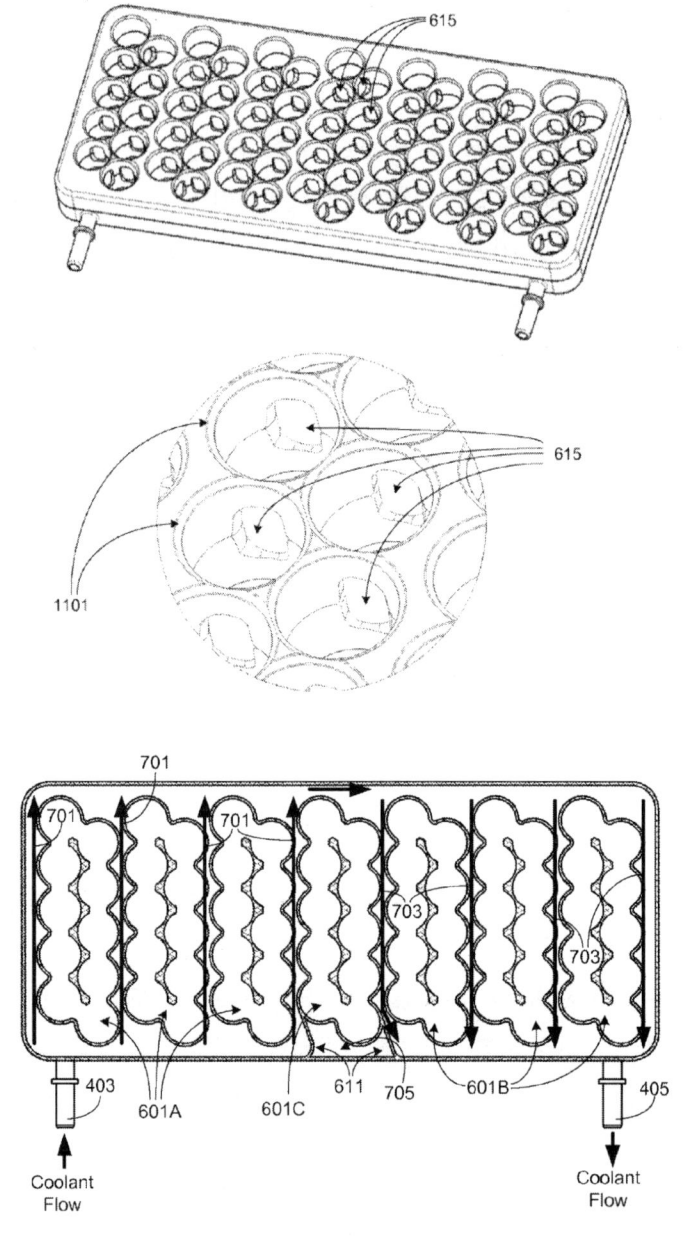

그림 2-65. 테슬라 전기자동차 배터리 열 관리 특허 US8647763호

(a) 자동차 사고난 테슬라 모델 S

(b) 사막에서 테슬라 모델 X

(c) 추운 극지를 달리는 테슬라 모델 S

그림 2-66. 최악(最惡)의 상황과 직면하는 테슬라 전기자동차

그림 2-67은 리튬-이온전지의 충·방전 과정을 나타낸다. 리튬-이온 배터리(Battery) 기술에 대하여 조금은 이해하는 사람들은 잘 아는 사실이지만, 근본적으로 리튬-이온 배터리는 전력이 충전시 리튬-이온이 양극에서 음극으로 이동하고, 전력이

방전시 리튬-이온이 음극에서 양극으로 이동하는 원리를 이용한 것이다.

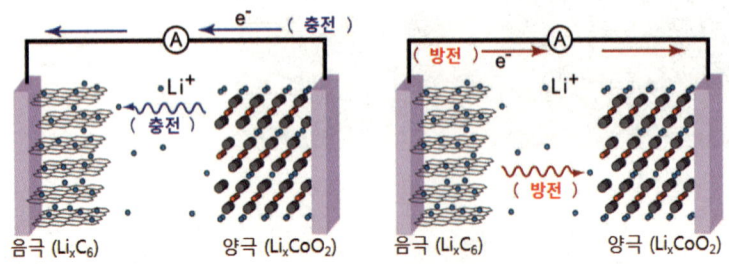

그림 2-67. 리튬-이온전지의 충·방전 과정

아주 상식적이지만, 리튬-이온 배터리는 결국 화학 반응을 하면서 전기에너지를 전달하는 방식이기 때문에 온도에 매우 예민(銳敏)한 특성을 가질 수밖에 없다.

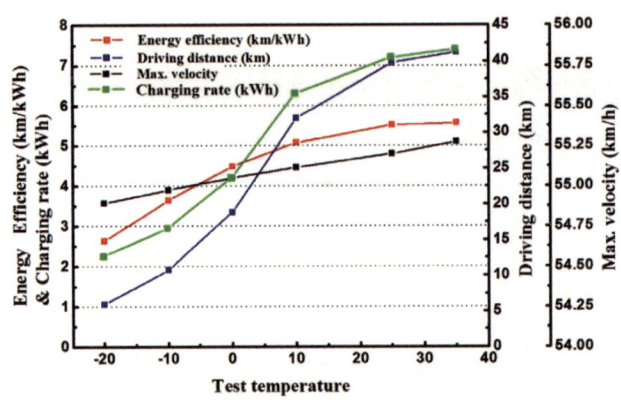

그림 2-68. 온도에 따른 전기자동차 배터리의 주요 특성변화[87]

---

87) M.H.Lee etc, "The Efficiency Characteristic of Electric Vehicle(EV) According to the Diverse Modes and Test Conditions," Trans. of Korean Hydrogen and New Energy Socity, Vol 28, No. 1, 2017, pp. 56-62

그림 2-68은 온도에 따른 전기자동차 배터리의 주요 특성변화에 대한 논문의 주요 데이터를 나타낸다. 이 논문에서는 -20도부터 35도까지 1) 전기자동차의 에너지 효율(Energy efficiency [km/kWh]) 2) 주행거리(Driving distance[km]) 3) 최고속도(Max. velocity[km/h]) 및 4) 배터리 충전율(Charging rate[kWh])의 변화를 관찰한 것이다.

그림 2-68의 그래프에서 -20도 및 35도의 그래프를 관찰하면, 다음과 같다[88].

1) 전기자동차의 에너지 효율(Energy efficiency)
   -20도 : 2.6[km/kWh] / 35도 : 5.5[km/kWh] / 약 2.1배 차이
2) 주행거리(Driving distance)
   -20도 : 6[km] / 35도 : 42[km] / 약 7배 차이
3) 최고속도(Max. velocity)
   -20도 : 54.25[km/h] / 35도 : 55.8[km] / 약 1.02배 차이
4) 배터리 충전율(Charging rate)
   -20도 : 2.2[kWh] / 35도 : 7.4[kWh] / 약 3.4배 차이

위 논문의 데이터는 테스트용 전기자동차의 자료이며, 테슬라(TESLA) 전기자동차와 아무런 관계가 없다. 하지만, 온도와 어떤 요소가 전기자동차에 영향을 미치는지 분석한 논문으로 그 결과에 대해서 충분히 고려할 가치가 있다.

위 결과에서 주행거리(Driving distance)와 배터리 충전율(Charging rate)이 가장 온도에 민감한 특성을 보인다. 즉 간단히 말해서 **전기자동차의 배터리와 관련된 부분이 가장 온도에 영향**

---

88) 이 데이터(Data)는 논문에서 테스트용 전기자동차의 자료이며, 테슬라 전기자동차와 아무런 관계가 없다. 하지만, 전반적으로 온도에 대한 전기자동차의 특성이 배터리에 가장 많은 영향을 미친다는 객관적인 결과를 보여주는 논문이다.

이 크다는 것을 보여주는 것이다. 최고속도(Max. velocity)는 전기자동차를 구동하는 모터(Motor)의 성능에 좌우되는 것이고, 전기자동차의 에너지 효율(Energy efficiency)은 전력변환장치(인버터)의 성능에 좌우되는 것이다.

전기공학 박사인 필자(筆者)의 견해로는 전기분야에서 가장 발달하지 못한 것이 바로 배터리(Battery)이다. 무엇보다 배터리는 화학반응을 통하여 전자(e)를 전달하기에 온도에 가장 민감할 수밖에 없는 특성(特性)을 가진다.

가장 에너지 밀도가 높다는 리튬-이온 배터리에서 온도가 올라가면, 화학반응이 활발하게 되어서 주행거리(Driving distance) 및 배터리 충전율(Charging rate)을 올라가겠지만, 리튬-이온 배터리가 폭발할 위험이 있다.
이와 반대로 온도가 영하 20도의 극한의 추위에서는 화학반응이 둔해져서 결국 제대로 충전도 안 된다. 이로 인하여 제대로 주행거리가 나오지 못하는 근본적인 문제점을 갖고 있다.

테슬라(TESLA)社의 특허를 살펴보면, 감동받는 또 다른 부분이 있다. 테슬라 전기자동차는 단지 배터리의 과열(過熱) 및 폭발 방지만 관리하는 것이 아니었다. 영하 수십도 아래의 극한(極限)의 추위에서도 리튬-이온 배터리의 동작을 원활하게 하기 위한 조치도 기술(技術)과 특허(特許)를 통해서 강구하고 있었다.
그림 2-69는 극한(極限)의 추위에서 리튬-이온 배터리가 정상적으로 동작시키기 위한 배터리 예열 관리 특허 US7741816호를 나타내고 있다.
결국 극한(極限)의 추위에서도 배터리의 안정적인 동작을 위해서 기준온도를 바탕으로 히팅(Heating)하는 것을 기술적 특징으로

한다.

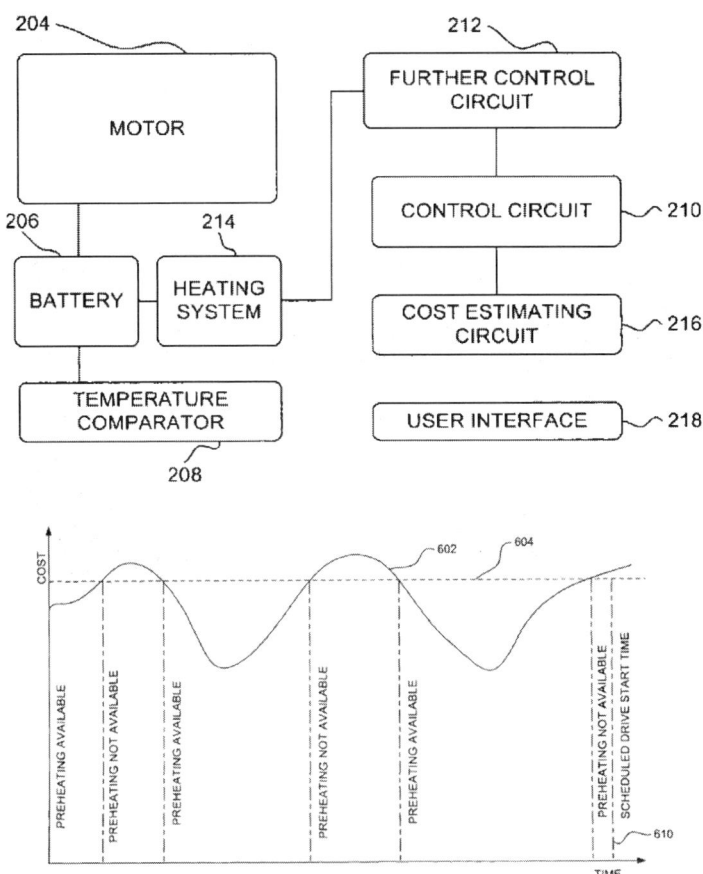

그림 2-69. 테슬라 전기자동차 배터리 예열 관리 특허 US7741816호

더불어 무려 6200개 내지 7600개의 모든 18650 리튬-이온 배터리를 동시에 충전 및 방전한다고 생각해 보길 바란다. 수많은 18650 리튬-이온 배터리가 충전 및 방전 특성이 동일힐까??
"절대 그럴 수 없다."
어쩌면 이 점이 가장 큰 문제가 될 수 있다. 즉 수천 개의 18650

리튬-이온 배터리 중에서 일부는 과(過)충전 되며, 일부는 과(過)방전 되는 배터리의 충·방전 특성이 분명하게 문제된다.

테슬라(TESLA)社는 이에 대하여 전체 리튬이온 배터리를 14개 내지 17개 구역(Cell)으로 나누어서, 각 구역마다 충전 및 방전 특성이 균일하게 제어하는 배터리 관리 시스템(BMS: Battery Management System)을 도입하였다.

그림 2-70. 테슬라 전기자동차 리튬-이온 배터리 팩

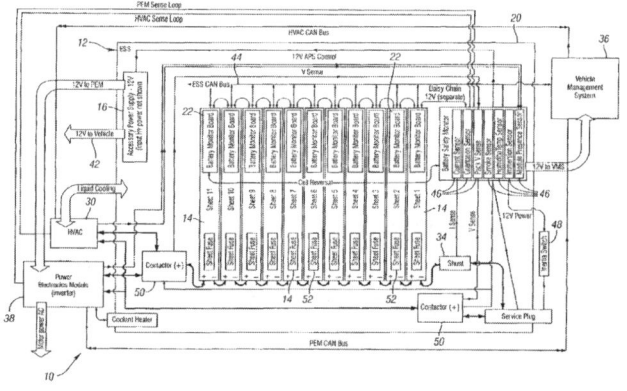

그림 2-71. 테슬라 전기자동차 배터리 셀(Cell)의 전압균형 특허 US7433974호

그림 2-70은 14개 내지 17개 구역(Cell)으로 구분된 테슬라 전기자동차 리튬-이온 배터리 팩을 나타내며, 그림 2-71은 테슬라 전기자동차 배터리 셀(Cell)의 전압균형 특허 US7433974호를 나타낸다.

테슬라 전기자동차의 특허(特許)를 바라보면 볼수록 필자(筆者)는 가슴이 뛴다. 즉 필자(筆者)는 테슬라(TESLA) 자동차에 대하여 감동하고 있으며, 그 매력에 취해있다.
또한 엘론 머스크(Elon Reeve Musk) 회장과 테슬라(TESLA)社는 전기자동차의 시대를 열기위하여 매우 섬세하게 준비하며, 연구개발(R&D)하고 있음을 확인할 수 있었다.

테슬라社는 (1)리튬이온 배터리 배치(Battery Placement)와 관련하여 총 25건(15.8%), (2)배터리 관리 시스템(BMS: Battery Management System)과 관련하여 총 28건(17.7%), (3)배터리 냉각(Battery Cooling)과 관련하여 총 14건(8.9%)[89]의 특허(特許)를 출원하여서 테슬라 전기자동차 전체 158건 중에서 42.4%인 총 67건이 바로 배터리와 관련된 특허이다.

즉 테슬라(TESLA) 전기자동차의 강력한 파워(Power)의 비밀 뒤에는 첫째, 유도전동기 냉각 기술(Cooling) 및 둘째, 배터리 배치(Placement), 관리(Management), 냉각(Cooling) 및 예열(Heating) 기술이 그 근간을 차지하고 있음을 알 수 있다.

---

[89] 테슬라社의 미국 등록특허 및 기술에 대한 분류는 본 필자(筆者)가 직접 수행한 것이다. 참고로, 표 5에서 모터, 배터리 등의 냉각기술(세부기술3)은 총 27건(17.1%)이며, 보다 세부적으로는 (1)모터 냉각기술: 4건(2.5%), (2)배터리 냉각기술: 14건(8.9%), (3)충전 케이블 냉각기술: 1건(0.6%), (4)전기자동차 전체 냉각 시스템: 8건(5.0%)로 구성되어 있다.

> 테슬라 전기자동차의 강력한 파워(Power)의 2가지 비밀
> 1) 유도전동기 냉각(Cooling) 기술
> 2) 배터리 배치(Placement), 관리(Management), 냉각(Cooling) 및 예열(Heating) 기술

그림 2-72. 테슬라社 대중화 SUV 전기자동차 모델 Y[90]

---

90) 테슬라社는 2019년 생산을 목표로 대중화 SUV인 모델 Y를 개발하고 있다. 테슬라 모델 Y는 팔콘 윙(Falcon Wing)과 태양광 지붕(Roop)도 탑재 될 것으로 예상된다.

2-6. 테슬라 루디크로스(Ludicrous) 모드[제로백 2.5초]의 비밀, 유도전동기 특허 기술

2016년 8월 23일

테슬라(TESLA)社는 모델(Model) S P100D를 발표하면서 **제로백 0~100[km] 도달하는 시간 2.5초라는 루디크로스(Ludicrous) 모델**을 발표하였다.

여기서 "P"는 퍼포먼스(Performance)의 약어로 주행성능을 강화시킨 것이며, "100"은 리튬-이온 배터리의 용량으로 100[kWh]의 용량을 의미하며, "D"는 듀얼 모터(Dual Motor)의 약어로서 전륜 및 후륜 구동이 모두 가능한 것을 의미하며, "**루디크로스(Ludicrous)**"는 "**터무니없는**" 이라는 제로백(0~100[km] 가속시간)이 2.5초인 것을 의미 한다[91].

허걱 제로백이 2.5초라...정말 엄청난 기술이다.

기존까지 테슬라 전기자동차 모델 S 90D 제로백 0~100[km] 가속시간이 4.4초였다. 하지만, **어떻게 모델 S P100D는 제로백이 2.5초, 모델 S P90D는 제로백이 3초**이다.

핵심은 기술적으로 무엇인가 상당히 달라졌다는 것이다.

과연 어떤 기술이 적용되어서 전기자동차로 제로백이 2.5초를 한 것인지 그 놀라운 비밀에 대하여 살펴보겠다.

일반 자동차 운전자들은 제로백 0~100[km]가 가속시간 2.5초가 얼마나 대단한 것인지 별로 감이 없을 수도 있다.

---

91) 테슬라 전기자동차 모델 S는 현재 60S, 60D, 75S, 75D, 90S, 90D, P90S, P90D의 모델이 있다. 그리고 앞으로 P100S, P100D를 생산할 것이다.
여기서 "숫자"는 리튬-이온 배터리의 용량/ "S"는 싱글 모터(Single Motor)/ "D"는 듀얼 모터(Dual Motor)/ P는 주행성능을 향상시킨 퍼포먼스(Performance)를 의미한다.

(a) 에어리얼 아톰 500 V8(제로백 세계 1위: 2.3초)

(b) 부가티 베이론 슈퍼 스포트(제로백 세계 공동 2위: 2.6초)

(c) 포르쉐 918 스파이더 바이삭 패키지(제로백 세계 공동 2위: 2.6초)

(d) 코닉세그 원(좌측), 닛산 GT-R(우측)(제로백 세계 공동 3위: 2.7초)

그림 2-73. 세계에서 제로백이 가장 빠른 차량 랭킹 1위 내지 3위

그림 2-73은 기존에 세계에서 제로백이 가장 빠른 차량 랭킹 1위 내지 3위를 나타낸다. 제로백이 가장 빠른 차량은 영국의 자동차 제작사 에어리얼(Ariel)社에서 만든 아톰(Atom) 500 V8이다. 이 차량은 일반 상용화(대중화)된 자동차가 아닌 경주용 자동차이며, 제로백 0~100[km]의 가속시간이 2.3초이다.

상용화된 차량으로는 세계적인 슈퍼카(Super Car)로 인정받고 있는 독일 폭스바겐(Volkswagen)社에서 제작한 부가티 베이론 슈퍼 스포트(Bugatti Veyron Super Sport)와 독일 포르쉐(Porsche)社에서 만든 포르쉐 918 스파이더 바이삭 패키지(Porsche 918 Spyder Weissach Package)가 있다.

자동차를 좋아하는 사람들은 한번쯤은 그 이름을 들어봤을 것이다. 슈퍼카(Super Car)의 대명사인 "부가티", "포르쉐"...

두 차량은 제로백이 세계 공동 2위로서 2.6초이다. 폭스바겐社의 부가티 베이론 슈퍼 스포트의 가격은 약 25억 내지 30억원이며, 포르쉐社의 포르쉐 918 스파이더 바이삭 패키지는 13억 내지 15억원의 가격으로 판매되고 있다. 특히 폭스바겐社의 부가티 베이론 슈퍼 스포트는 1200마력[HP]의 출력을 가지며, 포르쉐社의 포르쉐 918 스파이더 바이삭 패키지는 887마력[HP]을 보유하고 있으며, 제로백 0~100[km]의 가속시간이 2.6초로 세계랭킹 공동 2위이다.

그 다음으로는 스웨덴 에커그룹에서 만든 코닉세그 원(Koenigsegg One)은 1380마력[HP]을 보유하며, 일본 닛산(Nissan) GT-R은 545마력[HP]을 가지며, 제로백 0~100[km]의 가속시간이 2.7초로 세계랭킹 공동 3위를 차지하고 있었다.

위의 차량들은 한마디로 슈퍼카(Super Car)로서 수억에서 많게는 수십억원을 호가하는 엄청난 파워(Power)를 자랑하는 자동차이다.

테슬라(TESLA) 전기자동차 모델(Model) S P100D는 한마디로 이제 제로백 2.5초로서 이제 당당히 세계 2위의 가속력을 가진 차량이며, 조만간 상용화(대중화) 될 차량으로는 세계 최고의 가속력을 보유한 차량이 될 것이다.

세계에서 순간가속력(제로백)이 가장 빠른 자동차 순위
1위 : 영국 에어리얼社 아톰 500 V8 (제로백 2.3초)
2위 : 미국 테슬라社 모델 S P100D (제로백 2.5초)
3위 : 독일 폭스바겐社 부가티 베이론 슈퍼 스포트 (제로백 2.6초)
3위 : 독일 포르쉐(Porsche)社 918 스파이더 바이삭 패키지
      (제로백 2.6초)
4위 : 스웨덴 에커그룹 코닉세그 원(제로백 2.7초)
4위 : 일본 닛산 GT-R(제로백 2.7초)

이제 테슬라 전기자동차는 그냥 전기자동차가 아니다. 당당하게 슈퍼카(Super Car)에 그 이름을 올린 자동차로 급부상한 것이다. 더욱이 그동안 슈퍼카(Super Car)라는 자동차는 주로 독일, 영국, 스웨덴 등의 유럽 자동차 회사가 그 순위를 차지하고 있었지만, 이제는 순수 100% 친환경 전기자동차라는 이름으로 미국의 테슬라(TESLA)라는 이름이 당당하게 등장하게 되었다.

더 대단한 것은 테슬라社는 기존에 제로백 4.4초에서 어떻게 제로백이 2.5초로, 말 그대로 "루디크로스(Ludicrous)-터무니없는" 순간 가속력의 발전을 이룰 수 있었을까??

과연 무엇이 달라졌을까??
모터(유도전동기) 출력(파워)을 더욱 올렸니??
결론부터 말하면 "아니다" 그래서 더욱 놀라운 것이다.

이것 기술의 혁신이고

전기공학 박사인 필자의 눈으로 보기에는 기술(技術)을 넘어서는 예술(藝術, Art)의 경지에 이르는 것이다.

필자(筆者)에게는 다른 것보다 바로 테스라(TESLA)社의 특허(特許)를 검토하면 가슴 뛰게 만드는 그 무엇인가가 있다.

정말 테슬라社 특허는 "진정으로 나에게 감동을 주는 특허"이다.

테슬라(TESLA)社의 158건 미국 등록 특허 중에서 전력변환 및 모터기술이 13건(8.23%)이며, 보다 세부적으로는..

  1) 유도전동기와 관련된 기술이 6건(3.80%)
  2) 유도전동기 제어를 위한 인버터(Inverter) 제어기술이 3건(1.90%),
  3) 배터리 충전 및 유도전동기 전력변환을 위한 양방향(bidirectional) 컨버터 기술 2건(1.27%)
  4) 기타 기술 2건(1.27%)으로 구성되어 있다.

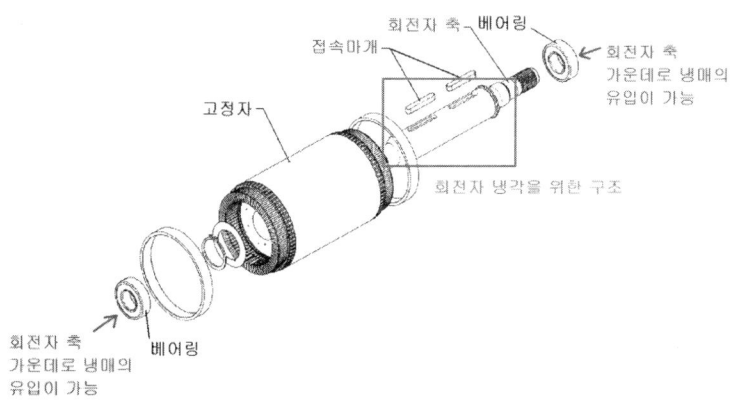

그림 2-74. 테슬라 전기자동차 유도전동기 구조에 관한 특허
US8365392호

그림 2-74는 테슬라 전기자동차 유도전동기 구조에 관한 특허 US8365392호를 나타낸다. 이 특허에서 테슬라社는 회전자의 축(軸) 가운데로 냉매가 흐를 수 있는 베어링(Bearing) 및 회전자 구조체를 제안하였다. 이미 앞에서 설명한 것처럼 유도전동기의 고정자 및 회전자를 냉각시키는 기술을 유도전동기 최대 출력을 약 4배 이상으로 끌어올리는 기술로서 테슬라 전기자동차의 강력한 파워를 만드는 가장 핵심기술이라고 할 수 있다[92].

약 100마력[HP] 유도전동기로 최대 400마력[HP] 이상의 출력(파워)을 만드는 기술이다. 즉 제로백 0~100[km]를 4.4초로 나오게 만드는 가장 핵심기술은 유도전동기 냉각 기술이라고 할 수 있을 것이다.

그러면, 테슬라社가 제로백이 2.5초를 달성하기 위한 비밀은 US7741750호, US8122590호, US8154166호 및 US8154167호의 4건의 미국 등록 특허를 통하여 이룩한 것으로 보인다.

유도전동기에서 초기에 기동전류를 줄이고, 큰 기동토크를 얻는 방법으로 유도전동기의 이중농형(Double squirrel case)[93] 이라는 기술이 있다. 또한 기동 및 정지가 빈번하게 일어나는 유도전동기에서 냉각(冷却)효과가 우수한 방법으로 유도전동기의 심구농형(Deep bar rotor)[94]라는 기술이 있다.

---

92) 제2장 2-1절에서 설명하였다.

93) 이중농형(Double squirrel case) : 이중(二重)이라는 의미는 회전자의 슬롯(Slot)이 2개의 구멍으로 되어있는 유도전동기이다. 장점은 기동토크가 크고 기동전류가 작은 것이 장점이다.
참고로, 농형(籠形)은 항아리 형의 구조물을 의미하는 것이다.

94) 심구농형(Deep bar rotor) : 슬롯(Slot)의 폭에 비해 현저하게 깊게 회전자 도체를 적용시킨 유도전동기이다. 장점은 기동 및 정지가 빈번하게 일어나는 유도전동기에서 냉각(冷却)효과가 우수한 것이 장점이다.

테슬라社는 제로백이 2.5초를 달성하기 위하여 바로 유도전동기의 이중농형(Double squirrel case)과 심구농형(Deep bar rotor)을 결합시킨 새로운 형태의 테슬라(TESLA) 유도전동기를 만든 것으로 분석된다.

테슬라 전기자동차의 파워와 순간 가속력의 비밀

1) 유도전동기 고정자 및 회전자 냉각기술
   약 100마력[HP] 유도전동기로 400마력[HP] 이상의 출력(파워)을 발생시킴
   ▷ 미국 특허 US7489057호, US7579725호 및 US9331552호

2) 이중농형 + 심구농형을 결합시킨 유도전동기 기술
   제로백 2.5초(0~100[km]의 가속시간)을 달성
   ▷ 미국 특허 US7741750호, US8122590호, US8154166호 및 US8154167호

전기기계 분야의 전문가가 아닌 일반인들은 이중농형(Double squirrel case)과 심구농형(Deep bar rotor)이라는 기술이 상당히 어색할 수 있지만, 이중농형은 회전자의 도체를 넣을 수 있는 슬롯(Slot)이 2중(2단)으로 배치되어 있는 유도전동기를 의미한다.

그림 2-75는 대표적인 이중농형 방식의 유도전동기 구조를 나타내며, 그림 2-76은 이중농형 방식의 유도전동기 회전자 슬롯(Slot) 단면을 나타낸다. 그리고 그림 2-77은 심구농형 방식의 유도전동기 회전자 슬롯(Slot) 단면을 나타낸다.

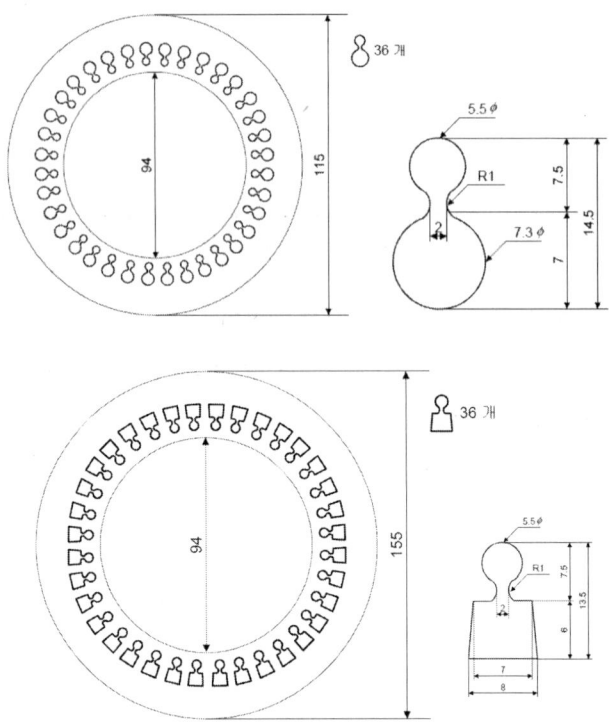

그림 2-75. 이중농형 방식의 유도전동기 구조

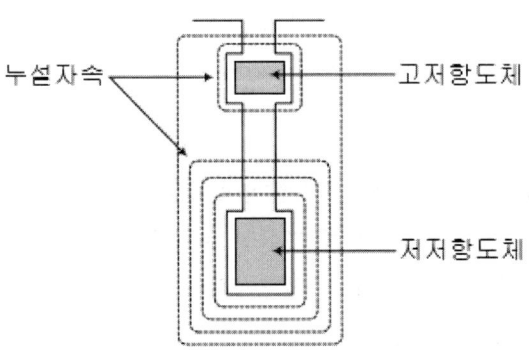

그림 2-76. 이중농형 방식의 유도전동기 회전자 슬롯(Slot) 단면

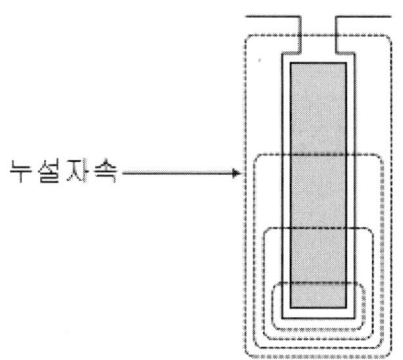

그림 2-77. 심구농형 방식의 유도전동기 회전자 슬롯(Slot) 단면

간단하게 말해서 이중농형(Double squirrel case)은 유도전동기의 고정자의 슬롯(Slot)이 2중의 구조로 되어있는 방식을 의미한다. 이중농형은 상부 슬롯(Slot)에 저항이 높은 고저항 도체를 삽입하고, 하부 슬롯(Slot)에 저항이 낮은 저저항 도체를 삽입하는 유도전동기 구조이다. 초기 기동시의 전류는 저항이 높은 상부도체로 흐르므로, 기동토크가 증가하고 동시에 기동 전류가 작으며, 정상상태에서는 저항이 낮은 하부 도체 전류가 흐르므로 우수한 운전특성을 보이는 것을 기술적 특징이 있다[95].

또한 심구농형(Deep bar rotor)은 유도전동기에서 회전자 슬롯(Slot)이 폭에 비해 현저하게 깊은 방식으로 유도전동기의 기동 및

---

[95] 이중농형(Double squirrel case) 동작원리 설명(전공자 및 전문가를 위한 설명, 일반인께서 이해하기 어렵지만 참고하기 바람) : 이중농형 유도전동기는 기동시에는 회전자 주파수가 고정자 주파수와 같이 크므로, 회전자 전류는 저항보다 리액턴스(Reactance)에 의해서 제한된다. 따라서 리액턴스가 큰 하부 슬롯(Slot)에는 거의 흐르지 않고, 대부분의 전류는 저항이 높은 상부도체로 흐르게 된다. 기동토크는 회전자 저항에 비례하므로 **기동시에는 저항이 높은 상부 슬롯(Slot)에 흐르는 전류에 의해서 큰 기동토크가 발생한다. 즉 이 기동토크에 의해서 테슬라 전기자동차는 제로백 2.5초를 달성할 수 있었던 것**이다. 유도전동기가 가속하여 슬립(Slip)이 적은 상태로 운전하면, 회전자 주파수가 작기 때문에 회전자 누설 리액턴스는 대단히 작게 된다. 따라서 회전자 전류는 저항에 의해서 제한되며, 대부분의 전류는 저항이 작은 하부 슬롯(Slot)에 흐르게 된다.

정지가 자주 되풀이되는 경우에 적합하고, 특히 냉각(冷却) 특성이 우수한 것이 장점이다96).

이 책을 읽는 독자(讀者)에게 정말 수고하셨다고 말씀드리고 싶다. 왜냐하면,..
이중농형(Double squirrel case)과 심구농형(Deep bar rotor)....
무슨 전기기계 특강시간도 아니고... 이해하기 난해한 단어로서 채워진 정말 재미없는 글을 읽어주셔서 감사의 뜻을 전한다.
전기공학 박사인 필자(筆者)가 가장 이해하기 쉽게 쓰려고 노력한 점은 꼭 기억해주시길 부탁드린다.

필자(筆者)가 진정 감동하고 있는 것은 바로...
테슬라(TESLA) 전기자동차 제로백 2.5초의 유도전동기 기술은
이중농형 + 심구농형을 환상적으로 결합시킨 기술이라는 것이다.

정말 좋은 기술(技術)과 특허(特許)를 보게 되면,
필자(筆者)에게는 가슴이 뛰는 감동이 있는데... 테슬라社의 유도전동기 400마력[HP] 이상의 파워를 발생시키는 냉각기술과 제로백은 2.5초까지 끌어올리는 이중농형 + 심구농형 결합형 유도전동기 기술이 그러하다.

---

96) 심구농형(Deep bar rotor) 동작원리 설명(전공자 및 전문가를 위한 설명, 일반인께서 이해하기 어렵지만 참고하기 바람) : 심구농형 유도전동기는 회전자 슬롯(Slot) 안의 도체에 전류가 흐르면, 슬롯 바닥에 가까운 도체일수록 많은 누설자속과 쇄교한다. 기동시에는 회전자 주파수가 높으므로 슬롯(Slot) 바닥에 가까운 도체부분에 누설 리액턴스는 현저하게 크게되어, 회전자 저항이 크고, 회전자 리액턴스가 작은 유도전동기로 동작하여 큰 기동토크가 발생한다. 또한 회전자가 가속하여 슬립(Slip)이 감소하여 정상 운전상태에 도달하면, 회전자 주파수는 극히 낮아지므로 표피효과는 거의 없어지고, 회전자 도체 내의 전류분포가 균일하게 되어 회전자 저항이 높은 유도전동기로 동작한다. 심구농형(Deep bar rotor) 방식의 장점은 슬롯(Slot)이 긴 단면을 가지므로 이중농형(Double squirrel case)과 비교하여 효율특성이 우수한 것이 장점이다.

"기가 막히다!!", "Very Good!!", "Fantastic!!"
마치 기술(技術)이 드디어 예술(藝術, Art)로 승화되는 느낌이랄까??

유도전동기 기술 중에서
이중농형(Double squirrel case)은 순간 가속력을 높이는 기동토크와 기동전류가 작은 장점은 있지만 냉각(冷却) 특성이 우수하지 못하며, 슬롯(Slot)을 이중(Double)으로 제작해야만 하므로 가공비용이 높은 단점이 존재하고 있다.
심구농형(Deep bar rotor)은 기동 및 정지가 빈번하게 일어나는 유도전동기에서 유리하고 냉각(冷却) 특성이 우수하다.

자동차라는 것은 한마디로 기동 및 정지가 빈번하게 일어하는 장치이다. 즉, 가다, 서다를 하루에도 수백 또는 수천 번 반복하는 장치이다. 더불어 자동차 운전자들은 순간가속력이 높은 것은 선호한다.

테슬라 전기자동차 유도전동기는 바로 이중농형(Double squirrel case)의 장점과 심구농형(Deep bar rotor)의 장점을 결합시키며, 이중농형(Double squirrel case)의 냉각(冷却) 특성이 우수하지 못한 것과 가공비용이 높은 단점을 심구농형(Deep bar rotor) 방식으로 극복하는 해법을 제안한 것이다.

그림 2-78과 그림 2-79는 테슬라 이중농형 + 심구농형 유도전동기 특허 US7741750호, US8122590호, US8154166호 및 US8154167호를 나타낸다.
테슬라社는 유도전동기 회전자 슬롯(Slot)의 전체적인 형상을 슬롯(Slot)의 폭에 비해 현저하게 깊게 회전자 도체를 적용시킨 심구농형(Deep bar rotor)으로 하였다.

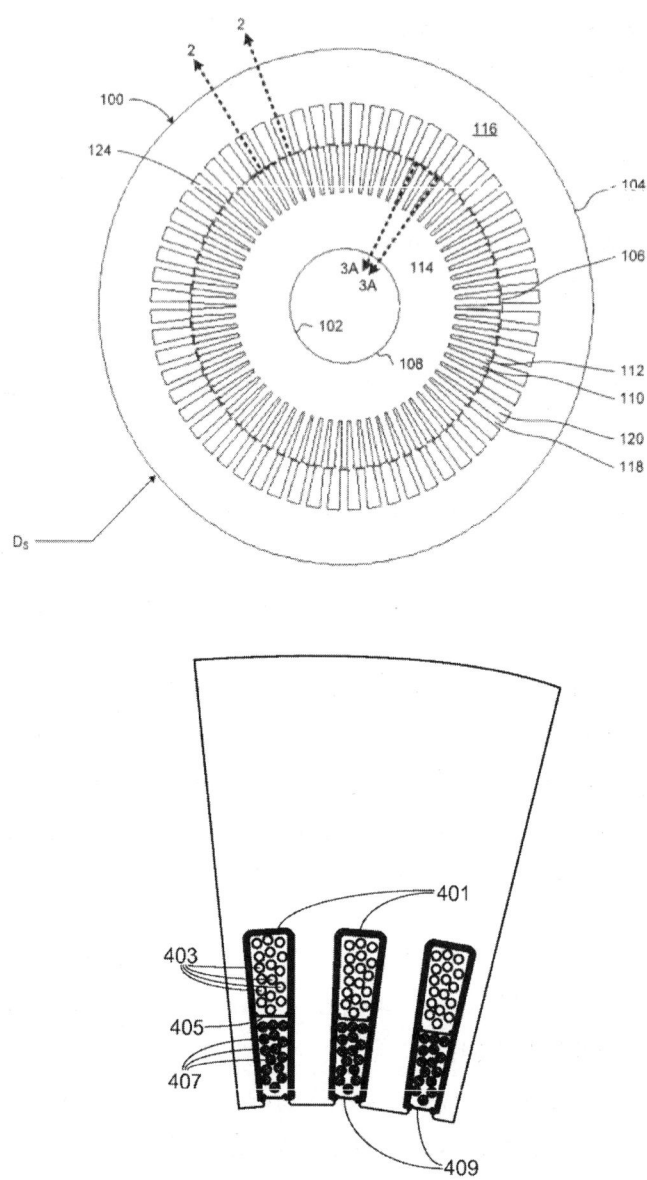

그림 2-78. 테슬라 이중농형 + 심구농형 유도전동기 특허
US7741750호, US8154167호

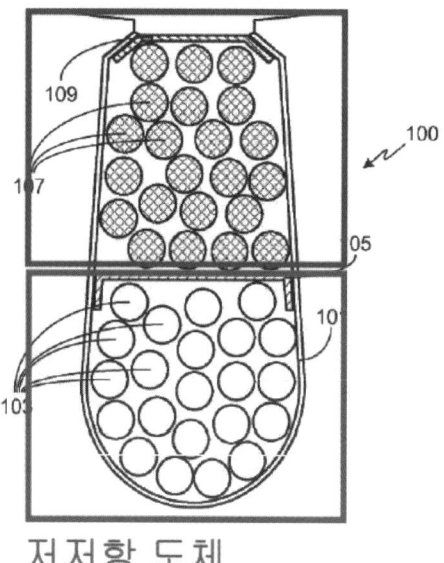

그림 2-79. 테슬라 이중농형 + 심구농형 유도전동기 특허
US8122590호, US8154166호

그리고 심구농형(Deep bar rotor) 슬롯(Slot)에 저항 값이 낮은 저저항 도체와 저항 값이 높은 고저항 도체를 2중(2단)으로 배치한 새로운 테슬라(TESLA) 유도전동기를 제안한 것이다. 즉 심구농형(Deep bar rotor)에 이중농형(Double squirrel case)의 권선배치를 한 것이다.

이제까지 전기자동차라는 이미지를 생각하면, 꼬마자동차 붕붕의 이미지를 벗어나지 못하고 있다. 즉 전기자동차라고 하면, 휘발유 또는 경유자동차와 비교하여 출력(파워)이 "약하고", "작고", "가볍다", "속도도 느리다"라는 이미지가 가득하였다.

그림 2-80. 꼬마자동차 붕붕

테슬라 전기자동차가 인기가 있는 이유...
그것은 기존의 전기자동차가 "약하고", "작고", "가볍다", "속도도 느리다"라는 이미지를 완전히 뛰어넘었기 때문이다.

테슬라 전기자동차는 아마 스스로 이렇게 말하고 있는 것 같다.
이제 나는 왠만한 휘발유 및 경유 자동차보다 더 파워(Power) 센데...
나랑 한번 달려볼까...
이제 제로백이 2.5초야...휘발유 및 경유 자동차 이길 수 있니?
나(테슬라 전기자동차) 이제 수준이 "부가티", "포르쉐" 수준이야......ㅋ

그리고 테슬라社는 대중화를 위해서 저렴한 전기자동차인
자가용 타입(Type)의 모델 3, 그리고 SUV 타입(Type)의 모델 Y의 출시를 하고 있다.
그래서 테슬라 전기자동차를 사려고 줄서고 있는 것이 아닐까??

2-7. 슈퍼 충전기와 관련된 특허 기술

전기자동차라고 한다면 몇 가지 근본적인 약점이 있다.

1) 전기 모터가 가지는 한계로 인하여 출력(파워)이 약하다.
2) 배터리의 안정성 및 에너지 저장 특성이 온도에 크게 영향을 받는다.
3) 배터리의 에너지 밀도의 한계로 인하여 장거리 주행이 어렵다.
4) 배터리의 충전시간이 길다.

이제까지 테슬라(TESLA)社를 제외한 대부분의 자동차 회사는 약 100마력[HP] 이하의 전기자동차를 양산하고 있었다. 전기자동차라면 친(親)환경적이고, 유지비가 싸고, 경제적이고 등등 다 좋은데, 꼬마자동차 붕붕의 컨셉(Concept)을 뛰어넘기 어려운 한계점에 있었다.

하지만, 테슬라(TESLA)社는 전기 모디가 기지는 출력(파워)의 한계를 첫째, 모터의 고정자 및 회전자 냉각(冷却)기술과 둘째, 이중농형 + 심구농형을 결합시킨 유도전동기 기술을 결합시켜 한마디로 슈퍼카(Super car) 수준으로 올려서 극복했다.

전기공학 박사인 필자(筆者)는 이미 전기소자 중에서 가장 발달이 안 되어 있는 것이 바로 배터리(Battery)라고 하였다.
스마트 폰(Smart-Phone)을 쓰는 대부분의 사람은 느낄 것이다. 새로 스마트 폰(Smart-Phone)을 사면 처음에는 1회 충전하고, 2~3일 쓰는 것 같은데..... 한 1년 정도 지나면, 1회 충전하고 1일을 넘기기가 버거운 것 같고..... 3년 정도 지나면, 반나절도 안가는 그 느낌을 다들 경험해보았을 것이다.

그리고 새롭게, 스마트 폰 매장에 들려서 배터리를 구입하려고 하면.....매장 직원은.... "스마트 폰 약정 기간도 끝나셨는데, 새로운 모델로 바꾸시죠", "요즘 그런 배터리 안 나와요.."라고 말하고 있다. 그리고 대부분의 스마트 폰 사용자는 그래 이번에 바꾸자.... 그래서 새로운 스마트 폰을 구입한 경험은 있을 것이다.

그림 2-81. 스마트 폰(삼성 갤럭시 노트 8, 애플 아이폰 8)

요즘에 또 새롭게 떠오르는 품목이 있다면, 다름 아닌 무인비행기 드론(Drone)이다. 이미, 드론(Drone)은 초등학생 애들이 가지고 노는 장난감 수준을 넘어서고 있다. 드론을 이용하여 방송 촬영은 기본이고, 산불감시, 농약살포..... 그리고 드론 자가용 및 택시까지 나오는 시대에 살고 있다.

그림 2-82. 드론(드론을 이용한 택시, 피자 배달, 농약살포, 촬영)

음... 드론(Drone)을 이용해서 다양한 산업에 적용하는 것 "아주 신선한 매우 좋은(Very Good) 아이디어"이다.

결국 드론(Drone)도 전기자동차와 마찬가지로, 배터리와 모터 제어 기술의 종합 비행체이다.

그런데 충격적인 사실은??

드론(Drone)이 공중에서 몇 분이나 떠 있을 수 있을까???
분명히 말할 수 있는 것은 최대 1시간도 안 된다.
고작 30~40분 정도...그것도 날씨가 아주 좋을 때이다.
만약 기온이 영하 -10도 아래로 떨어진다면.....
배터리(Battery)도 결국 화학 반응을 통해서 전자를 이동시키며, 전기에너지를 생산하기 때문에 온도에 상당한 영향을 받게 된다.

첫째, 온도가 높아지면 ▷ 화학반응은 활발하게 될 것이고 ▷ 배터리는 과열(過熱)될 것이고 ▷ 배터리 폭발사고가 있을 수 있다.

둘째, 온도가 낮아지면 ▷ 화학반응은 둔하게 될 것이고 ▷ 영향 수십도 아래로 떨어지면, 배터리 용량은 1/5 이하로 떨어지게 될 것이고 ▷ 배터리가 더 이상 전기에너지 공급원으로 기능하지 못하게 될 것이다[97].

드론(Drone)에 대해 더 충격적인 사실은??
드론(Drone)의 배터리가 완전방전 되었을 때 충전하는데, 배터리를 사용하는 시간 보다 몇 배의 시간이 필요한지 아는가??
필자(筆者)가 하고 싶은 이야기의 핵심은 바로 배터리(Battery)라는 소자가 기술적으로 발전해야 할 길이 멀다는 것이다.

테슬라(TESLA)社는 리튬-이온 배터리 안정성을 위하여 배터리의 온도 검출 및 배터리의 과열(過熱) 방지를 위하여 배터리 냉각(冷却) 기술을 도입했으며, 동시에 추운 곳에서 배터리의 용량이 떨어지는 것을 방지하기 위하여 배터리 예열 기술을 도입하였다. 즉 결국 테슬라社는 전기자동차에서 배터리의 안정성과

---

97) 그림 2-68 참고

온도의 변화로 인한 에너지 저장 특성의 변화에 적극 대처하는 기술을 도입하여 이를 해결하였다.
그리고 테슬라社가 전기자동차를 상용화하는데 있어서 배터리에 대하여 남은 숙제는 바로 배터리의 에너지 밀도의 한계로 인하여 장거리 주행이 어렵다는 것과 리튬-이온 배터리의 충전시간이 길다는 것이다.

표 8. 휘발유와 리튬-이온 배터리의 에너지 밀도 비교

기준	휘발유	리튬-이온 배터리	차이
무게(1kg 기준)	46MJ	0.7MJ	65.71배
부피(1L 기준)	36MJ	2.23MJ	16.14배

앞에 표 1에서 이미 언급하였지만, 현재 리튬-이온 배터리가 정말 많은 기술발전이 있었음에도 불구하고, 휘발유와 비교하여 리튬-이온 배터리는 무게 기준 약 1/65배 정도, 부피 기준 약 1/16배 정도로 에너지 밀도가 낮다.
테슬라(TESLA) 전기자동차는 한마디로 차량의 밑바닥이 거의 배터리로 채워져 있다. 18650 리튬-이온 배터리를 약 6216[개] 내지 7548[개] 사용했지만, 그래도 주행거리의 한계는 분명하게 존재한다.
"그럼 곳곳에 전기자동차 충전소를 설치하면 되겠지…. 아님 운전자가 전기 충전기를 가지고 다니면서 충전하던지…."라고, 아주 단순하게 생각할 수 있지만, 문제는 배터리 충전시간이다.
여기서 또 다른 복병(伏兵)을 만나게 된다.
배터리의 충전시간이 엄청나게 길다는 것이다.

이 책을 읽는 독자(讀者)분은 모두 스마트 폰(Smart Phone) 배터리를 충전해 보았을 것이다. 전기자동차의 배터리 용량과 비교도

되지 않는 작은 배터리 용량의 스마트 폰 배터리도 충전하는데 상당한 시간이 걸리는데.... 전기자동차는 약 6~8시간의 시간이 걸린다. 배터리의 충전이라는 것은 한마디로 속 터지는 이야기이다.

여기서 잠시 샛길로 빠져보겠다.
필자(筆者) 세상에서 가장 존경하는 사람 단 1명을 꼽으라면 주저하지 않고 위대한 발명왕 토마스 에디슨(Thomas Alva Edison)이라고 말할 것이다.
필자(筆者)는 2017년 2월에
"세상을 바꾼 위대한 혁신가!!
 토마스 에디슨의 꿈, 발자취 그리고 에디슨 DNA"
라는 책을 출판하였다.
필자(筆者)의 책 홍보할 의도는 전혀 없지는 않고, 아주 조금 있음은 양해해 주기 바란다...ㅋ
필자(筆者)가 토마스 에디슨을 수많은 사진 중에서 가장 감동하는 사진은 그림 2-83의 65세 토마스 에디슨이 잠든 사진이다.

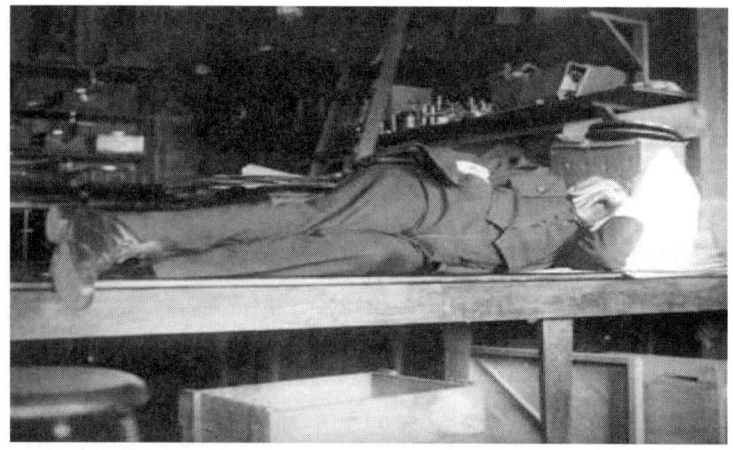

그림 2-83. 연구실 테이블에서 잠든 에디슨(1911년, 만 64세)[98]

1911년 토마스 에디슨은 환갑(還甲)이 훨씬 넘은 65세(만 64세)이다. 그는 이미 전신기, 축음기, 전화기, 전구 등을 발명하여서 세계 최고의 발명가로 인정받으며, 명예와 돈이 충분한, 한마디로 성공한 사람이라고 할 수 있다.

어쩌면 "영감님 이제 쉬시고, 인생을 즐기시죠!!"
라는 말을 들을만한 나이임에도 65세, 토마스 에디슨은 축음기의 성능 개선, 배터리 재료개발, 광석분리, 제련 및 시멘트 관련 발명을 위해서 열정적으로 연구하였고, 자신의 실험실에 충분히 있을 법한 편안한 안락의자나 침대가 아닌, 딱딱하고 불편한 연구실 나무 테이블에서 웅크리고 자고 있기 때문이다.

필자(筆者)는 2015년 가을
대한민국 특허청 전기분야 심사관(사무관)으로 테슬라(TESLA)를 만나러 미국으로 하게 되었다. 세계적인 발명왕이자 과학자 니콜라 테슬라(Nikola Tesla)가 아니라 엘론 머스크(Elon Musk) 회장의 테슬라(TESLA) 전기자동차 특허(特許) 및 최신기술 분석을 위하여 미국으로 연수를 가게 되었다.

테슬라 전기자동차의 메인(Main) 배터리가 리튬-이온 배터리이고, 1991년에 일본 소니(Sony)사가 폭발성이 강한 리튬(Li)을 안정화 시키는 기술을 완성 및 상용화하여 지금의 리튬-이온 시대가 열리게 되었다.
2015년 가을, 필자(筆者)는 테슬라 전기자동차 특허 및 최신기술 분석 연수보고서를 작성하면서 근본적인 궁금증이 생겼다.

---

98) 1911년 에디슨은 64세 나이에 전화기, 축음기, 배터리, 광물분쇄, 광물이송 등 총 9건의 특허를 등록받았으며, 특히 전화기에 축음기를 결합하여 전화 녹음기를 세계 최초로 개발하였다.

"도대체 리튬(Li)을 세계 최초로 배터리(Battery)에 적용하여 특허로 발명한 사람은 누굴까??"

미국 버지니아 주립대학(조지 메이슨 대학)의 도서관에서 이 궁금증을 가지고 자료를 검색하기 시작하였다.
그리고 깜짝 놀랄만한 특허(特許)를 하나 발견한 것이다.

- 특허번호: US876445호
- 발명의 명칭 : 알카라인 배터리
- 발명자 : 토마스 에디슨
- 특허출원일 : 1907년 5월 10일
- 특허등록일 : 1908년 1월 14일

UNITED STATES PATENT OFFICE.

THOMAS A. EDISON, OF LLEWELLYN PARK, ORANGE, NEW JERSEY, ASSIGNOR TO EDISON STORAGE BATTERY COMPANY, OF WEST ORANGE, NEW JERSEY, A CORPORATION OF NEW JERSEY.

ELECTROLYTE FOR ALKALINE STORAGE BATTERIES.

No. 876,445. Specification of Letters Patent. Patented Jan. 14, 1908.

Application filed May 10, 1907. Serial No. 372,819.

To all whom it may concern:

Be it known that I, THOMAS A. EDISON, a citizen of the United States, and a resident of Llewellyn Park, Orange, in the county of Essex and State of New Jersey, have invented certain new and useful Improvements in Electrolytes for Alkaline Storage Batteries, of which the following is a description.

proportion may be varied more or less on either side of this quantity. The preferable solution when sodium hydrate is used is about 15% and when potassium hydrate is used, about 21%, or in other words each 100 c. c. of solution will preferably contain of sodium hydrate 15 grams or of potassium hydrate 21 grams.

1. An alkaline electrolyte for storage batteries, employing lithium hydroxid, substantially as set forth.
2. An alkaline electrolyte for storage batteries, employing sodium or potassium hydrate and containing about two per cent. of lithium hydroxid, substantially as set forth.
3. A storage battery employing as active materials compounds of nickel and iron, and an alkaline electrolyte employing sodium or potassium hydrate, and containing lithium hydroxid, substantially as set forth.

This specification signed and witnessed this 8th day of May 1907.

THOMAS A. EDISON.

Witnesses:
FRANK L. DYER.

그림 2-84. 세계 최초 리튬-이온 배터리 특허 US876445호

그림 2-85. 필자(筆者)가 가장 존경하는 인물(발명왕 토마스 에디슨)

눈을 크게 뜨고 이 토마스 에디슨 특허(特許)의 청구항(Claim)을 보기 바란다. 분명하게 있는 "리튬 하이록시드(Lithium Hydroxid)" 토마스 에디슨의 특허 US876445호는 바로 리튬-이온 배터리의 세계 최초의 특허이다.
이 특허(特許)를 만난 것은 마치 흙 속에 진주를 찾은 느낌이랄까...

와우~~... 발명왕 토마스 에디슨이.... 이런 리튬-이온 배터리 특허를 무려 110년 이전에 특허로 출원하다니....

필자(筆者)는 전기공학 공학박사이고, 대한민국 특허청 전기분야 심사관으로 무려 11년 이상 일하였다. 또한, 대학 및 석·박사 과정에서 공부도 했고, 배터리(Battery)와 관련하여 수많은 책과 관련 특허(特許)를 검토하였다.

그런데 솔직히 필자(筆者)도
"리튬-이온 배터리의 최초 발명가가 다름 아닌 위대한 발명왕 토마스 에디슨"이라는 사실은 2015년 가을에 처음 알게 되었다.
수많은 배터리 관련 서적에서도 리튬-이온 배터리의 최초 발명가인 토마스 에디슨(Thomas Alva Edison)에 대한 이름조차 발견할 수 없었다.

2015년 가을과 겨울 미국에서 연구하면서,
버지니아 주립대학(조지 메이슨 대학)의 도서관에서
매일 아침부터 밤늦게까지 테슬라(TESLA) 전기자동차 특허를 검토했고, 토마스 에디슨의 특허를 한건, 한건 씩 보다가, 에디슨의 1,093개 특허를 모두 검토하였다.

그리고 놀라운 사실 또 한 가지를 발견하였다.
토마스 에디슨이 배터리와 관련해서 무려 135건의 발명을 하였다는 사실이다.
세계적인 발명왕, 전구의 아버지 토마스 에디슨이....배터리를....

"토마스 에디슨(Thomas Alva Edison)....
 그는 위대한 배터리의 아버지...리튬-이온 배터리의 아버지.."

필자(筆者)가 전기공학을 전공하였고, 특허(特許) 관련 일을 하기 때문에.... 그냥 체면치레로.... 토마스 에디슨을 최고로 존경하는 인물로 꼽는 것이 아니다.
정말 진심으로 존경하게 된 것은 2015년 가을...
연수보고서를 쓰면서 만난 새로운 토마스 에디슨 때문이다.

필자(筆者)는 토마스 에디슨의 1,093건의 발명(특허 1,084건 + 디자인 9건)을 직접 분석하고, 표 9와 같이 정리하였다.

표 9. 에디슨이 평생 집중했던 10가지 발명 분야[99]

순위	발명 분야 (에디슨이 주로 연구한 나이)	미국특허 [건]	차지하는 비율[%]
1	전신기 관련 발명 22세(1869년) ~ 33세(1880년)	149	13.63
2	전화기 관련 발명 31세(1878년) ~ 45세(1892년)	40	3.85
3	전구 관련 발명 32세(1879년) ~ 48세(1895년)	171	15.65
4	발전기, 전동기 및 전력배선 관련 발명 32세(1879년) ~ 48세(1895년)	215	19.67
5	전기자동차 및 전기철도 관련 발명 34세(1881년) ~ 46세(1893년)	48	4.39
6	광석 및 시멘트 관련 발명 33세(1880년) ~ 72세(1919년)	102	9.33
7	전기기기 속도제어 관련 발명 32세(1879년) ~ 35세(1882년)	9	0.82
8	축음기 관련 발명 31세(1878년), 33세(1880년) 41세(1888년) ~ 84세(1931년)	189	17.29
9	배터리 관련 발명 36세(1883년) ~ 84세(1931년)	135	12.35
10	영사기 관련 발명 46세(1893년) ~ 71세(1918년)	10	0.91
11	기타	25	2.29
	전체	1,093	

그 시작은 토마스 에디슨의 세계 최초 리튬-이온 배터리 특허 US876445호에서 시작되었다. 토마스 에디슨의 특허를 검색하다

---

[99] 토마스 에디슨의 1,093건의 발명(특허 1,084건 + 디자인 9건)에 대한 분류는 본 저자가 에디슨 미국특허의 초록, 대표도면, 청구항을 읽고, 기술적인 관점을 중심으로 직접 분석 및 분류한 것이기에 기존의 에디슨 연구 결과의 통계와 다소 차이가 있을 수 있다. (출처: 토마스 에디슨의 꿈, 발자취 그리고 에디슨 DNA)

본 특별한 발명이 눈에 띄기 시작했다.

그것은 무려 130년도 전에 토마스 에디슨은 전기자동차 및 전기철도에 관한 발명을 총 48건이나 하였다는 것이다.

토마스 에디슨의 뉴저지(New Jersey) 주(州) 웨스트 오렌지(West Orange) 연구소 입구 좌우(左右)에는 그의 아주 특별한 발명품이 전시되어 있다.

그림 2-95. 토마스 에디슨의 웨스트 오렌지 연구소100) 입구

---

100) 1876년~1887년(에디슨 29세~40세)까지 뉴저지 멘로 파크(Menlo park) 연구소에서 전신기, 전화기, 전구 등을 중심으로 발명했으며, 그 이후 1887년~1931년(에디슨 40세~88세)까지 멘로 파크(Menlo park) 연구소보다 10배 이상 확장된 뉴저지 웨스트 오렌지(West Orange) 연구소로 이전하여 축음기, 배터리, 전기철도 및 전기자동차, 광석분리, 시멘트, 영사기 등을 중심으로 활발하게 연구하였다. 현재 뉴저지 멘로 파크(Menlo park) 연구소는 없어졌으며, 그 자리에 토마스 에디슨을 기념하기 위하여 세계 최대 크기의 전구탑(電球塔) 만이 있으며, 뉴저지 웨스트 오렌지(West Orange) 연구소는 Thomas Edison National Historical Park으로 지정되어, 에디슨의 연구실 및 실험장비와 그의 발명품이 전시되어 있다.

마치 쇠로 만든 마차의 뼈대처럼 보이는 이 발명품은 바로, 토마스 에디슨의 1880년 및 1882년의 전기철도에 대한 발명품이다.

그림 2-96. 토마스 에디슨의 웨스트 오렌지 연구소 입구
좌측의 전기철도(상측, 1880년) 및 우측의 전기철도(하측, 1882년)

토마스 에디슨이 전구(電球)와 전력시스템에 대하여 수많은 발명을 한 것은 잘 알려졌지만, 그가 전기자동차와 전기철도 분야에도 상당히 많은 관심을 가지고 있는 것은 대부분의 사람들이 잘 모르는 것으로 생각된다. 에디슨은 전기자동차 및 전기철도와 관련하여 총 48건의 미국특허를 등록은 받았으며, 에디슨 당시에는 발명을 특허출원하려면, 발명의 시작품(始作品)을 반드시 미국 특허청 담당자가 확인해야만 하였다[101]. 즉 토마스 에디슨은 전기철도와 전기자동차 분야에 단순하게 관심만 가지고 아이디어(Idea)만 제안한 것이 아니고, 실질적으로 그 기술을 완성했던 것이다.

그림 2-97. 에디슨이 발명 및 제작한 최초의 전기철도[102]

토마스 에디슨이 완성한 전기철도 및 전기자동차 분야 특허를 살펴보면 33세인 1880년부터 전기철도 전력공급장치[103], 전기철도용 전자석 브레이크[104], 전기철도 엔진[105] 및 전기철도 구조[106]에 대하여 특허를 출원하였다.

---

101) 현재는 특허를 출원하면서, 반드시 시작품(始作品)을 만들지 않아도 되며, 아이디어(Idea)만으로도 발명의 실시하는데 충분히 가능성이 있다면, 특허청의 심사에서 특별히 발명의 성립성(成立成)에 대하여 문제를 삼지 않는 것이 일반적이다.

102) 전기철도 특허, US248430호, US263132호, US265778호, US446667호, US475491호, US475492호, US475493호 및 US475494호 등이 있다.

103) 전기철도 전력공급특허, US475491호, US475492호, US475493호 및 US475494호(1892년 05월 24일 등록, 1880년 06월 03일 출원)

104) 전기철도 브레이크특허, US248430호(1881년 10월 18일 등록, 1880년 07월 22일 출원)

105) 전기철도 엔진특허, US265778호(1882년 10월 10일 등록, 1880년 07월 22일 출원)

106) 전기철도 구조특허, US263132호(1882년 08월 22일 등록, 1880년 08월 19일 출원)

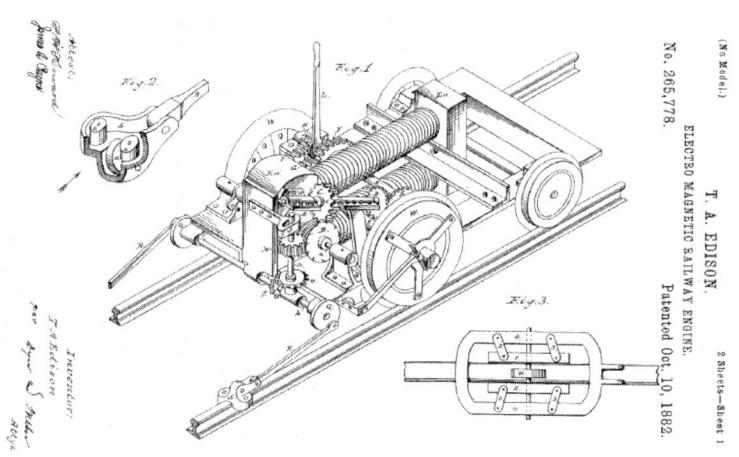

그림 2-98. 토마스 에디슨의 전기철도 엔진 특허

그림 2-98는 토마스 에디슨이 1880년 7월 22일 미국 특허청에 출원한 전기철도 엔진에 관한 발명으로서, 쇠로 만든 전기철도의 뼈대 가운데 권선이 감긴 직류(直流)전동기를 배치하고, 전동기의 전압제어를 수행함으로서, 속도제어가 가능한 전기철도의 엔진을 발명하였고, 자기적인 반발력을 이용한 전자석(電磁石) 브레이크를 발명하여 전기철도를 완전하게 정지(停止)하는 것에도 성공함으로서. 토마스 에디슨의 나이 33세인 1880년에 전기철도에 대한 모든 전반적인 기술을 완성시킨 것으로 생각된다.

그림 2-99. 토마스 에디슨이 발명 및 제작한 전기자동차[107]

토마스 에디슨은 그의 나이 43세인 1890년에 정해진 철도레일이 아니라 자유롭게 움직일 수 있는 전기자동차에 대하여 관심을 가지고 연구하였는데, 직류(直流)전동기에서 발생하는 동력을 속도에 따라서 필요한 회전력으로 바꾸어 전달하는 변속기(變速器, Transmission) 및 자동차의 방향을 자유롭게 변경시킬 수 있는 조향장치(操向裝置, Steering System)[108]의 발명에 성공하였다.

그리고 필자(筆者)의 가슴을 감동시킨 토마스 에디슨에게서 보는 또 놀라운 특허(特許)를 하나 여러분에게 소개하겠다.

---

107) 전기자동차 특허, US436127호 및 US436970호

108) 전기자동차용 변속기 및 조향장치특허, US436970호(1890년 09월 18일 등록, 1890년 06월 10일 출원), US470927호(1892년 03월 15일 등록, 1891년 03월 26일 출원), US947806호(1910년 02월 01일 등록, 1908년 04월 17일 출원) 및 US1255517호(1918년 02월 05일 등록, 1912년 07월 31일 출원)

그것은 바로 1890년 9월 9일에 등록받은 토마스 에디슨의 전기자동차 직류 모터(DC Motor) 배치 특허 US436127호이다.

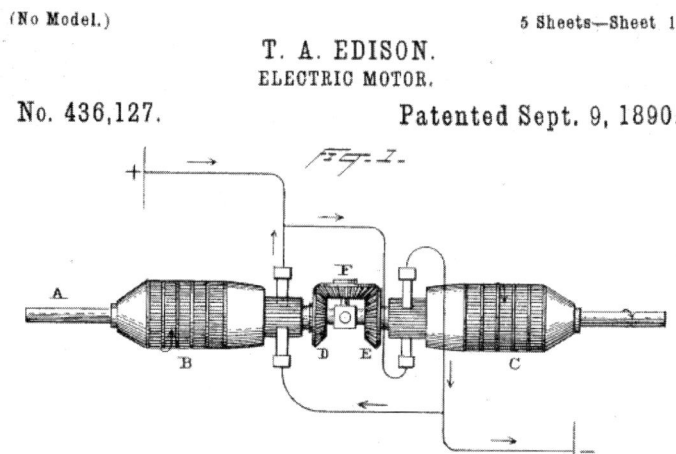

그림 2-100. 1890년 발명된 토마스 에디슨의 전기자동차 특허 US436126호

그림 2-100은 1890년 발명된 토마스 에디슨의 전기자동차 특허 US436126호이며, 그림 2-101은 현재 테슬라(TESLA) 전기자동차의 구동부분을 나타낸다.

그림 2-100의 1890년 토마스 에디슨의 전기자동차 특허와 그림 2-101의 전기자동차 구동부분을 잘 비교해보기 바란다.

토마스 에디슨은 무려 120년 전에 이미 전기자동차의 뒷바퀴를 제어하는 방법에 대하여 엄청나게 연구하였다.

무려 120년 전에 토마스 에디슨이....

그림 2-101. 미국 테슬라 전기자동차의 구동부분

1800년대 중반에 태어나서 세계를 바꾼 양대(兩大) 천재 발명가이자 과학자 토마스 에디슨(Thomas Edison)과 니콜라 테슬라(Nikola Tesla)....

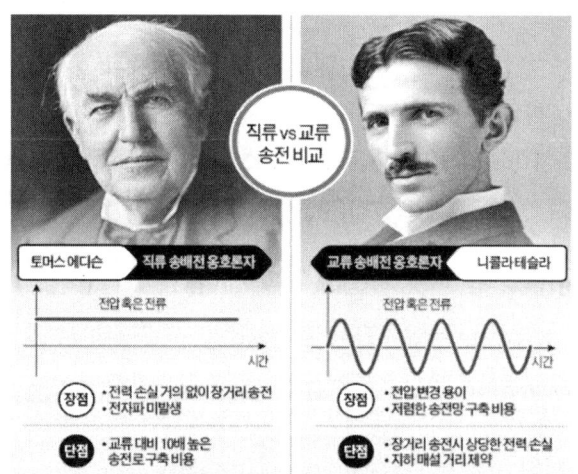

그림 2-102. 에디슨과 테슬라의 직류 vs 교류 송전 비교

세계를 바꾼 위대한 발명가 에디슨과 테슬라...
현재 대한민국의 전기(電氣)는 교류(AC) 220[V][109], 60[Hz]를

---

109) 대한민국은 승압작업이 완료되었으며, 110[V]가 2배 승압된 220[V]가 전기의 표준 전압이다.

표준(標準)으로 사용하고 있다. 미국의 경우는 교류(AC) 110[V], 60[Hz]를 기준으로 한다.

110[V]는 토마스 에디슨(Thomas Edison)이 전구(電球)를 발명하면서 기준전압으로 설정했던 전압이며, 60[Hz]는 유도전동기의 회전속도[110]를 고려하여, 니콜라 테슬라(Nikola Tesla)가 설정했던 주파수이다.

즉, 우리가 쓰는 전기(電氣)인 교류(AC) 220[V]/60[Hz] 또는 110[V]/60[Hz] 그 속에는 위대한 양대(兩大) 천재 에디슨과 테슬라의 자취가 지금까지 녹아있다고 할 수 있을 것이다.

> 우리가 쓰는 전기(電氣) 220[V]/60[Hz]
> 토마스 에디슨과 니콜라 테슬라의 자취가 녹아있다.
> 전기(電氣)가 필수인 지금 시대도 우리는
> 에디슬라(에디슨-테슬라)의 시대에 살고 있다.

토마스 에디슨(Thomas Edison)의 1,093개 특허(特許)를 살펴보면, 흥미로운 점은 에디슨의 10대 발명 중에서 가장 오랜 시간 발명한 것이 바로 배터리 발명이며, 동시에 토마스 에디슨이 숨이 다하는 마지막 나이인 84세까지 연구하였던 최후의 발명이 바로 배터리(Battery)[111]라는 것이다.

많은 사람들은 니콜라 테슬라가 교류송배전 옹호론자이고, 토마스 에디슨이 직류송배전 옹호론자였으며, 에디슨과 테슬라의 교

---

110) 유도전동기 회전속도는 $n = \dfrac{120 \cdot f}{p}$ [rpm] 이다.
 여기서, f : 60[Hz] 주파수, p : 유도전동기 극수

111) 배터리 전극판 특허, US1908830호(1933년 05월 16일 등록, 1923년 07월 06일 출원), 참고로 이 특허는 토마스 에디슨이 눈을 감은지 2년 후에 등록받은 특허이다.

류(AC) vs 직류(DC)의 싸움에서 테슬라의 판정승이라고 평가하는 경향이 있다.

에디슨이 진정 원했던 전기의 세계는 무엇인가??
토마스 에디슨의 1,093개 특허를 모두 검토했던 필자(筆者)가 보기에 에디슨이 진정 원했던 전기의 세계는 직류송배전이 아니다.
"전기에너지의 완전한 독립(獨立)!! 이었다."

필자(筆者)의 평가는...
니콜라 테슬라가 교류(AC) 시스템을 주장하였고, 완성하였다면, 토마스 에디슨이 전기에너지의 완전한 독립(獨立)을 꿈꾸며 평생 노력했던 위대한 과학자이자 발명가이다.
그리고 필자(筆者)가 발견한 특별한 사진 한 장을 소개한다.

그림 2-103. 1898년 토마스 에디슨이 발명한 알카라인(Alkaline) 배터리를 사용하여 전기자동차 1000마일(약 1600km) 주행 기념사진

그림 2-104. 2009년 엘론 머스크 테슬라 모델S 발표 기념사진

그림 2-103은 1898년 에디슨이 발명한 알카라인(Alkaline) 배터리를 사용하여 전기자동차 1000마일(약 1600km) 주행 기념사진이며, 그림 2-104는 2009년 엘론 머스크 테슬라(TESLA) 모델S 발표 기념사진이다.

그림 2-103과 그림 2-104를 가만히 비교하여 보자면....
뭔가 묘한 느낌이 있지 않는가??

그럼 필자(筆者) 결국 궁극적으로 하고 싶은 이야기는 바로...
토마스 에디슨의 나이 84세, 1931년 눈을 감는 그 순간까지
진정으로 꿈꾸었던 전기에너지의 완전한 독립(獨立)...
아이러니(irony) 한 것은 에디슨이 눈을 감은지
약 80년이 지난 후에 토마스 에디슨이 그토록 원했던
전기에너지의 독립(獨立)이라는 꿈은..
토마스 에디슨 생애(生涯)의 최고의 경쟁자인 테슬라(TESLA)
라는 이름으로 지금 우리의 눈앞에서 완성되고 있다는 것이다.

> 니콜라 테슬라 : 교류(AC) 시스템을 완성함
>
> 토마스 에디슨의 꿈 : 전기에너지의 완전한 독립(獨立)
>
> 토마스 에디슨이 진정으로 원하던 꿈은
> 에디슨의 최고 경쟁자, "테슬라(TESLA)"라는 이름으로
> 지금 우리 시대에 완성되고 있다.

필자(筆者)는 테슬라 전기자동차 핵심특허 분석을 위해서 2015~2016년 미국으로 연수를 가서, 테슬라(TESLA) 전기자동차의 아름다움과 함께 강력한 파워(Power)에 감동하여 지금 이 책을 쓰게 되었지만, 테슬라(TESLA)를 만나면 만날수록 토마스 에디슨이라는 위대한 발명가의 발자취와 만나게 된다.

그리고 토마스 에디슨의 발자취를 만나면 만날수록 에디슨을 진심으로 존경하며, 그에게 경의를 표한다.

"에디슨의 발명정신, 창의성, 도전정신 및 기업가 정신...."
바로 이 정신이 지금의 미국을 만드는 원동력이고, 지금도 미국에서 성공한 기업가에게 살아있는 정신이다.

토마스 에디슨이라고 하면 "전구의 아버지"라는 이름으로 전구만 기억하지만, 그는 리튬-이온 배터리, 전기자동차의 발명가이다. 토마스 에디슨의 1,093개 발명을 보면……
전기투표 기록기, 주식시세용 전신기, 팩스(팩시밀리), 전기펜(Electric Pen), 복사기, 말하는 인형, 전화기, 녹음 스튜디오(Black Maria), 녹음기, 교환기, 전화 알람장치(전화벨), 아크램프, X레이용 램프, 전구의 소켓(Socket), 등(燈)기구, 배전반(配電盤), 진공(Vacuum)을 만드는 장치, 진공 테스터(tester) 장치,

발전기, 전동기, 전기기기 먼지(분진)방지장치, 전기기기 속도제어, 기어(Gear), 전력배전 시스템, 전류계(Amperemeter), 전압계(Voltmeter), 전봇대, 전선, 퓨즈(Fuse), 권선기(捲線機), 전기철도, 전기자동차, 동력전달 체인(Chain), 피뢰기(避雷器, Lightning arrester), 브레이크(Brake), 베어링(Bearing), 자동차 바퀴(타이어), 자동차용 라이트(Light), 광석분리, 용광로(鎔鑛爐), 시멘트 생산장치, 시멘트 소성로(燒成爐), 콘크리트 거푸집(틀), 방수 페인트, 방수 섬유, 재봉틀, 방전만 가능한 배터리(1차전지), 충·방전이 가능한 배터리(2차전지), 니켈전지, 전지에서 리튬물질 사용, 배터리 충전기(充電器), 배터리 교환기(交換機), 압축기(壓縮機), 타자기, 무선통신, 영사기, 영화보는 안경, 카메라(Camera), 필름(Film), 전기용접기, 제본기, 코팅기, 헬기(헬리곱터), 전쟁용 탄환, 염소처리한 고무, 식물섬유 치료제, 식물에서 고무를 추출하는 방법, 튜브(빨대)를 생산하는 장치 등 한마디로 과학과 관련된 모든 기술 분야에 발전에 엄청난 공헌을 하였다.

혹시 "토마스 에디슨은 생물학 분야의 대가(大家)"라는 사실을 아는가??

그럼 정말 궁금하시면, 필자(筆者)의 저서를 보시기 바란다.
"세상을 바꾼 위대한 혁신가!!
 토마스 에디슨의 꿈, 발자취 그리고 에디슨 DNA"

그리고 지금 이 순간 미국에서는 마치 토마스 에디슨과 닮은 인물이 나타나서 미국을 넘어서 전 세계를 열광시키고 있다.
①인터넷 사업인 집투 코퍼레이션(Zip2 Corporation), ②온라인 은행 사업인 엑스닷컴(X.com) 및 페이팔(Paypal), ③민간 우주

사업인 스페이스X(SpaceX), ④100% 전기로 동작하는 자동차 회사인 테슬라(TESLA) 전기자동차, ⑤태양에너지를 이용한 솔라시티(Solar City), ⑥미국 네바다(Nevada) 주(州)에 건설하는 세계 최고의 리튬이온전지 생산 공장 기가팩토리(Gigafactory) 및 ⑦최고속도 1280km/h(760mile/h)를 내며, 샌프란시스코에서 로스앤젤레스를 30분에 주파할 수 있는 혁신적인 교통수단인 하이퍼루프(Hyper Loop)를 사업화는 마치 토마스 에디슨과 같은 인물이 나타났다.

그가 바로 토마스 에디슨의 정신을 계승한 사람이며.. 테슬라(TESLA)社의 회장인 엘론 머스크(Elon Reeve Musk)이다.

그림 2-105. 엘론 머스크(Elon Reeve Musk)

필자(筆者)가 슈퍼 충전기와 관련된 테슬라(TESLA) 전기자동차 특허(特許)를 이야기하면서, 샛길로 빠져서 상당히 돌아왔다.

그림 2-106는 테슬라(TESLA) 슈퍼충전소(Supercharger) 및 충전기 구조를 나타내며, 표 10은 테슬라 슈퍼충전기의 주요 스펙(Spec)을 나타낸다.

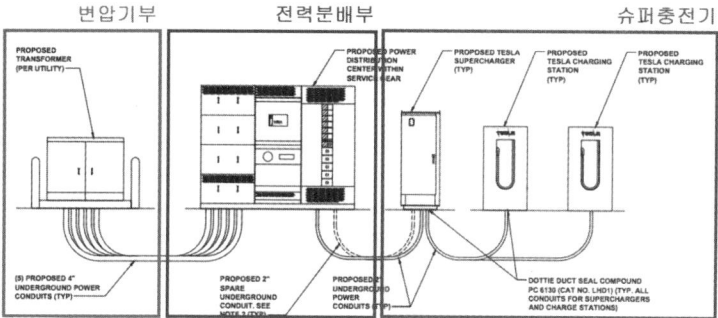

그림 2-106. 테슬라 슈퍼충전소 및 충전기 구조

표 10. 테슬라 슈퍼충전기의 주요 스펙(Spec)[112]

구 분	충전 스펙(Spec)
입력전압	교류(AC) 200~480[V]
입력전류	280A @200~240VAC / 160A@480VAC
최대전력	150 [kWh]
주 파 수	50 또는 60 Hz
출력전압	직류(DC) 40~410[V]
출력전류	최대 210[A]
동작온도	-30℃ ~ 50℃
무 게	1320Lbs / 600Kg

테슬라(TESLA) 슈퍼충전소의 충전기는 변압기부, 전력분배부 및 충전기로 구성되어 있으며, 입력전압 교류(AC) 200~480[V], 입력전류 160~280[A], 최대전력 150[kWh], 출력전압 직류(DC) 40~410[V], 출력전류는 최대 210[A]를 공급할 수 있는 것을 기술석 특징으로 한다.

---

[112] 테슬라 자동차 관련 인터넷 사이트,
http://www.teslamotorsclub.com/showwiki.php?title=Supercharger

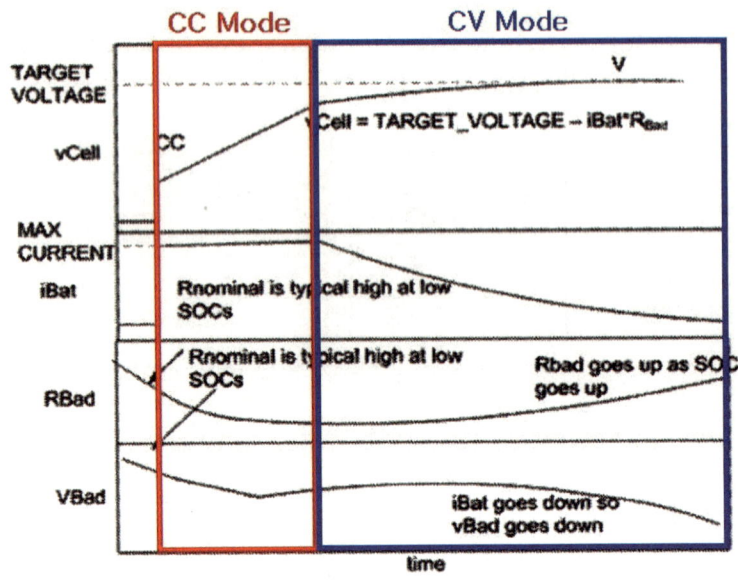

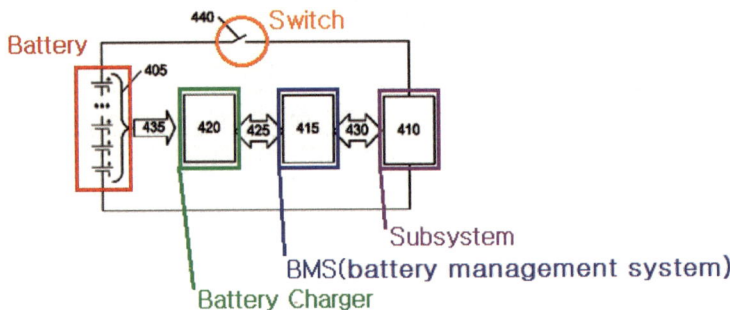

그림 2-107. 테슬라 슈퍼충전기 특허 US8493032호,
US8638069호, US8643342호,
US8754614호, US8970182호 및 US9419450호

그림 2-107은 테슬라 슈퍼충전기 특허 US8493032호, US8638069호, US8643342호, US8754614호, US8970182호 및 US9419450호를 나타낸다.

테슬라(TESLA)社는 테슬라 전기자동차 모델 S 및 모델 X 운전자에게 슈퍼 충전소 이용을 무료로 제공하는 테슬라(TESLA)社의 정책을 추진하고 있다. 무엇보다 테슬라(TESLA) 전기자동차 완속(緩速) 충전시간은 약 7~8시간이며, 급속(急速) 충전시간은 현재 20분까지 단축시켰다. 테슬라(TESLA) 슈퍼 충전기는 배터리 셀을 약 80~90%까지 가장 빠른 시간에 충전시키기 위하여 전력전자(전력변환) 기술을 이용하여 정전류(CC: Constat Current) 모드 충전시간을 가장 최대로 하는 기술을 제안하였다.

그림 2-108은 테슬라(TESLA) 전기자동차의 전력변환 회로를 나타낸다.

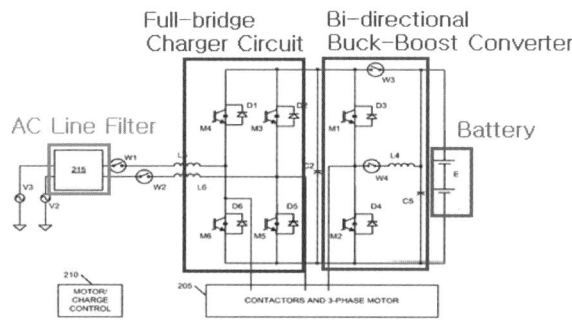

그림 2-108. 테슬라 전기자동차 충전기 전력변환 회로 특허
US8493032호 및 US8638069

테슬라(TESLA) 전기자동차는 풀-브리지(Full-Bridge) 방식의 배터리 충전 회로를 통하여 교류(AC) 전원에서 배터리 충전을 수행하며, 양방향(Bi-directional) 승·강압 컨버터를 이용하여 유도전동기(IM)에서 회생되는 에너지를 배터리로 전달하는 시스템을 완성하였고, 미국 등록특허 US8493032호 및 US8638069호로 등록하였다.

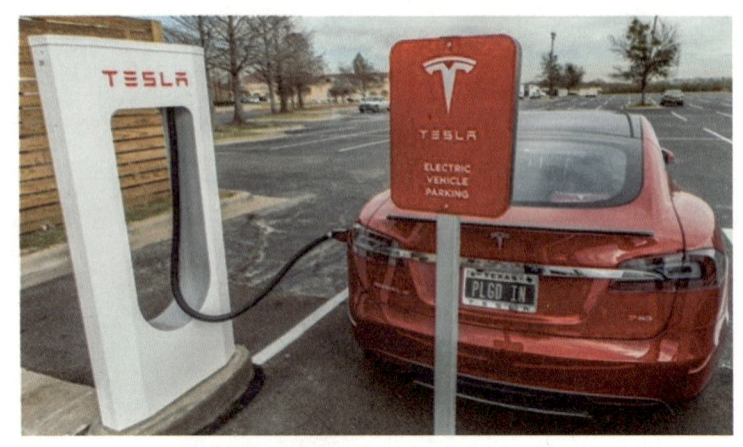

200kW급 슈퍼충전소
배터리 급속충전 테스터 장치

그림 2-109. 슈퍼충전기를 이용한 테슬라 전기자동차 배터리
충전(상측) 및 200kW급 슈퍼충전소 배터리 급속충전
테스터 장치(하측)

테슬라(TESLA) 슈퍼충전소는 현재 테슬라 전기자동차 모델 S 90 [kWh]급에서 리튬-이온 배터리가 모두 방전시, 80% 충전하는데 약 40분, 100% 충전하는데 약 75분이 소요되고 있다

현재 미국의 테슬라 전기자동차 운전자들은 슈퍼충전소에서 평균 30분정도의 시간이 소요되어 기존의 휘발유 차량의 주유시간 보다 많이 걸리게 됨을 불평하고 있다.

이에 대하여 2016년 12월 25일 엘론 머스크(Elon Reeve Musk)는 트위터(twitter)를 통하여 현재 슈퍼충전기는 150 [kWh]가 최고 속도지만, 새로운 모델 버전3(V3: Verson 3)에서는 기존보다 약 2배인 350 [kWh]급 이상의 슈퍼충전기를 이미 개발하고 있어서 앞으로 상당히 테슬라 전기자동차의 충전시간을 단축시킬 것을 시사하고 있다.

Fred Lambert @FredericLambert   25 Dec
@elonmusk Any update on plan to install solar arrays at Supercharger stations?

Elon Musk
@elonmusk

@FredericLambert There are some installed already, but full rollout really needs Supercharger V3 and Powerpack V2, plus SolarCity. Pieces now in place.
2:13 AM - 25 Dec 2016

↰ ↻ 63   ♥ 375

그림 2-110. 슈퍼충전기 버전3(V3)의 개발을 시시한 엘론 머스크의 트위터(twitter)

제3장
세계 최고의 기술은
철학(哲學, Philosophy)에서 시작된다.

* 2016년 12월 엘론 머스크가 제안하고, 2017년 본격적으로 사업을 시작한 3D(3-Dimensional) 교통사업 보링(Boring)

* 2015년 엘론 머스크가 발표한 유인 우주선 드래곤(DRAGON)

3-1. 엘론 머스크의 사업에 녹아있는 철학(哲學)

현존하는 사람 중에서 필자(筆者)가 아주 좋아하면서, 존경하는 사람을 1명 꼽으라면, 바로 테슬라(TESLA) 전기자동차의 젊은 회장인 엘론 머스크(Elon Reeve Musk)이다. 그는 1971년생 40대 중반인 젊은 기업가이자, 미국이 탄생시킨 가장 창의적인 발명가이고, 또한 세계를 감동적으로 움직이는 성공적인 CEO라고 할 수 있을 것이다.

그림 3-1. 테슬라 전기자동차를 충전하는 엘론 머스크

엘론 머스크는 남아프리카공화국의 프리토리아(Pretoria)에서 태어나서 전기 및 기계 엔지니어인 아버지 에롤 머스크(Errol Musk)의 영향으로 어릴 때부터, 컴퓨터 게임 및 프로그램 분야에 집중적으로 관심을 가지게 되었고, 12살 때에는 Blastar라는 이름의 게임을 동생과 함께 만들고 이를 게임 잡지에 500달러[현재 가치 1200달러(약 140만원)]에 판매한 특이한 이력도 있다.

그는 캐나다 온타리오(Ontario)에 위치한 퀸즈대학교(Queen's Univ.)에서 경영학을 전공하였고, 미국 펜실베니아(Pennsylvania)

대학으로 편입하고, 경제학 및 물리학 2중 전공으로 학사를 마쳤다. 그 후에 에너지 물리학 분야의 박사학위를 취득하기 위하여 1995년 스탠퍼드(Stanford) 대학교에 입학하였으나, 바로 창업의 길로 들어서면서 스탠퍼드 대학을 중퇴하였다.

그는 23살에 첫 회사인 인터넷 사업을 바탕으로 ①집투 코퍼레이션(Zip2 Corporation), ②온라인 은행 사업인 엑스닷컴(X.com) 및 페이팔(Paypal), ③민간 우주사업인 스페이스X(SpaceX)를 사업화 하였다. 이 후에 엘론 머스크는 온라인 은행 사업인 페이팔(Paypal)[113] 지분을 현금화하고 이를 바탕으로 ④100% 전기로 동작하는 자동차 회사인 테슬라 전기자동차 사업을 하고 있으며, 현재는 ⑤태양에너지를 이용한 솔라시티(Solar City), ⑥미국 네바다(Nevada) 주(州)에 건설하는 세계 최고의 리튬이온전지 생산 공장인 기가팩토리(Gigafactory) 및 ⑦최고속도 1280km/h (760mile/h)를 내며, 샌프란시스코에서 로스앤젤레스를 30분에 주파할 수 있는 혁신적인 교통수단인 하이퍼루프(Hyper Loop)를 사업화 추진을 하면서 미국의 혁신을 이루어내고 있다.

엘론 머스크(Elon Reeve Musk)의 사업철학은 다음과 같다.
 "실패는 하나의 옵션입니다.
 만약 무언가 실패하고 있지 않다면, 충분히 혁신하고 있지 않는 것입니다."
 "Failure is an option here.
 If things are not failing, you are not innovating enough."

---

113) 페이팔 홀딩스(PayPal Holdings, Inc.) : 인터넷을 이용하여 페이팔 계좌끼리 또는 신용카드로 송금, 입금 및 청구하는 서비스를 제공하는 미국의 전자상거래 서비스 회사이다. 엘론 머스크(Elon Reeve Musk)는 30세인 2002년 이베이(ebay)社에 페이팔(Paypal)을 15억 달러(약 1조 6800억)에 매각하였고, 약 1억 달러(1200억원)의 이익을 남겼다. 이 돈을 바탕으로 엘론 머스크는 테슬라 전기자동차 사업을 본격적으로 시작하게 되었다.

2012년 9월 21일

세계 최초의 민간 우주사업인 스페이스X(SpaceX)社는 그래스호퍼(Grasshopper)라는 이름의 로켓(Rocket)을 제작하여 발사하였지만, 고작 2[m] 날아오르는데 그쳤다.

2012년 11월 1일 두 번째 실험에는 고작 5.4[m] 떠올랐다. 그러나 엘론 머스크는 여기서 포기하지 않았다.

2012년 12월에는 40[m]까지 띄웠다가 착시시켰고, 이듬해인 2013년 3월에는 80[m], 2013년 4월에는 250[m]까지 로켓(Rocket)을 띄우고 내리는데 성공하였다.

그림 3-2. 2013년 4월 지상에서 250[m]까지
로켓(Rocket)을 띄우고 내리는데 성공한 장면

2013년 8월 로켓(Rocket)을 원격조정에 의해서 250[m]까지 띄우고, 옆으로 100[m]를 이동하는데 성공하였다.

2013년 10월에는 744[m]까지 쏘아 올렸고, 이제 이 기술을 바탕으로 2014년 4월에는 팰컨(Falcon) 9R(R은 Reusable의 약자)을 쏘아 올려서 바다에 떨어지기 직전에 멈추게 하는데 성공하였으나, 파도가 거칠어서 재사용은 불가능했다.

2014년 7월에도 로켓(Rocket)으로 인공위성을 궤도에 올리는데 성공하였지만, 원하는 지점으로 회수하지 못했고, 바다 속으로 가라앉아 버렸다.

2014년 8월에는 로켓(Rocket)이 약 70[km]에서 폭발하였고, 2015년 1월과 2월에 바다에 무인선(無人船)을 뛰어 로켓을 착륙시키려 하였지만, 균형을 읽고 쓰러지면서 폭발해 버렸다.

2015년 4월과 6월에도 마찬가지로 로켓은 바다에 무인선(無人船)에 착륙하다가 폭발하였다.

그림 3-3. 2015년 4월 바다 위 무인선으로 착륙하는 로켓의 폭발 장면

2015년 12월 21일 드디어 스페이스X(SpaceX)社의 로켓(Rocket) 팰컨(Falcon) 9R의 지상착륙에 성공했고, 2016년 4월 해상착륙에 성공하였고, 2017년 3월에는 재활용 로켓의 발사에 성공하였다[114].

---

114) 2016년에도 로켓(Rocket)이 완전히 폭발하는 2번의 큰 사고가 있었다.

그림 3-4. 2016년 4월 팰컨 9R 바다 위 무인선에 성공적으로 착륙

엘론 머스크(Elon Reeve Musk)의 최초의 민간 우주사업인 스페이스X(SpaceX)社에서 제1단 로켓을 다시 원하는 위치로 회수하겠다는 마치 영화 같은 이야기를 현실 속에서 성공시킴을 통하여 전체 로켓(Rocket) 발사비용을 1/10로 줄일 수 있는 획기적인 방법을 성공시켰으며, 로켓의 역사를 새롭게 작성하고 있다.

엘론 머스크가 이끄는 스페이스X(SpaceX)社는 무려 25만번 이상 로켓(Rocket) 발사 실험을 하였으며, 수많은 실패를 하였지만, 포기하지 않았다.
2017년 6월에는 48시간 만에 2회 연속으로 로켓(Rocket) 팰컨(Falcon) 9R을 발사하고 모두 성공적으로 회수하는 진기록도 연출하였다.

표 11. 스페이스X(SpaceX)社이 우주도전 일지

일 자	우주도전 일지
2002년 2월	첫 민간 우주개발 기업 표방하여 스페이스X 설립
2008년 9월	로켓(펠컨1) 궤도진입 성공
2010년 9월	엘론 머스크, 화성 이주 계획 발표
2012년 5월	민간기업 최초 국제우주정거장(ISS)으로 우주선 보냄
2013년 12월	민간기업 최초 위성을 지구 정지궤도로 안착
2015년 12월	로켓(펠컨9R) 지상착륙 성공
2016년 4월	로켓(펠컨9R) 해상착륙 성공
2017년 3월	재활용 로켓(펠컨9R) 발사 및 지상착륙 성공
2017년 6월	48시간 만에 2회 연속 로켓(펠컨9R) 발사 회수 성공

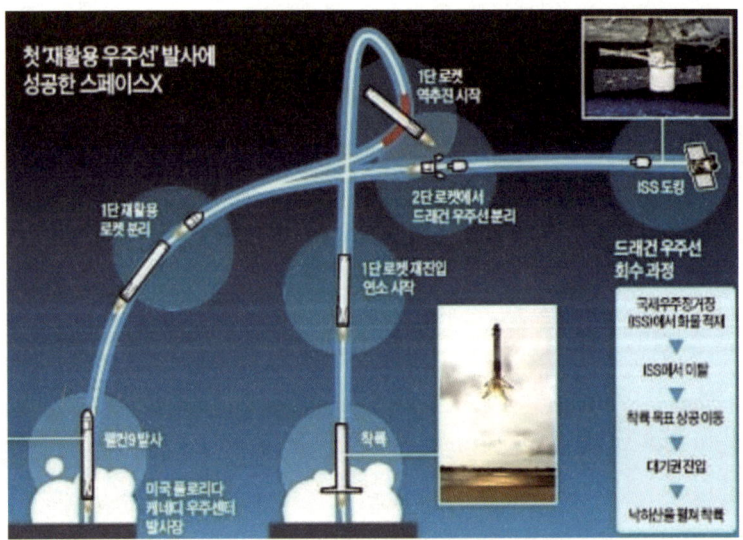

그림 3-5. 스페이스X社의 팰컨 9R의 발사 및 회수 궤적

2016년 12월 17일

엘론 머스크(Elon Reeve Musk)는 미국 LA(Los Angeles)에 교통체증의 답답함을 트위터(twitter)를 통하여 공식적으로 말하면서, 교통체증을 해소하기 위한 새로운 The Boring Company를 시작하겠다고 선언하였다.

 Elon Musk @elonmusk · 17 Dec 2016
Traffic is driving me nuts. Am going to build a tunnel boring machine and just start digging...

↶ 2.9K   ⇄ 14K   ♥ 42K

그림 3-6. 엘론 머스크의 트위터(2016년 12월 17일)

교통에 대한 엘론 머스크의 통찰력은 한마디로 창의적이고 대단하다. 그는 현재의 도시는 3D(3-Dimensional)로 고층 빌딩으로 확장되고 있지만, 도시의 도로 망은 2D(2-Dimensional)로 구성되어 있다. 즉 운전자가 자동차를 운전하는데 바로 앞의 자동차가 가지 않는다면, 운전자는 절대 어쩔 수 없는 것이 바로 교통체증이다.

엘론 머스크는 교통체증(traffic jam)의 새로운 해결책(Solutions)으로 3D(3-Dimensional)의 지하도로 사업을 제안하였고, 그 사업을 땅 파는 회사라는 이름의 The Boring Company로 명명(明命)하였다. 그는 단순하게 3D(3-Dimensional) 지하 도로를 제안한 것이 아니었다. 그는 마치 자동차가 특정(特定) 위치의 엘리베이터(Elevator)를 타고 지하(地下)로 내려가서 시속 200[km] 이상의 속도로 자율주행으로 운행하며, 운전자가 원하는 목적지에 가장 가까운 엘리베이터(Elevator)를 통하여 지상(地上)의 도로로 올라가는 새로운 교통체계를 제안하였다.

그림 3-7. 교통체증 해소를 위해 엘론 머스크가 제안한
The Boring Company와 지하의 3D(3-Dimensional) 터널

엘론 머스크(Elon Reeve Musk)의 모든 사업을 지켜보면, 한마디로 가슴이 뛴다.

그의 사업이 모두 위대한 것은 모두 창의적인 발상에서 시작되었다는 것이다. 바로 세상을 바꾸고 더 좋은 세상을 만들기 위한 생각과 도전을 바탕으로 모두 시작되었다.

엘론 머스크가 꿈꾸는 세계 최고의 기술은 어쩌면 모두 불가능(不可

能)이라는 수식어 속에서 시작되었다. 심지어 테슬라 전기자동차 사업도 수많은 사람들은 실패할 것이라고 이야기했으며, 엘론 머스크 스스로도 전기자동차 사업은 실패할하지 않을까 생각했다고 말하고 있다.

그는 비록 전기자동차 사업이 실패할지 모르지만, 전 세계의 모든 사람들에게 공해 물질을 발생시키는 화석연료(휘발유 및 경유) 자동차가 아닌 100% 무공해인 친환경 자동차의 가능성을 몸소 말하고 싶었고, 그의 꿈은 이루어져서, 마침내 자동차의 새로운 역사를 만들며, 전기자동차의 돌풍(突風)을 이루고 있다.

민간 우주사업인 스페이스X(SpaceX), 태양전지 보급 사업인 솔라시티(Solar City), 리튬-이온 배터리 사업인 기가팩토리(Gigafactory), 세계 최고 속도의 육상이동 사업인 하이퍼루프(Hyper Loop) 및 새로운 신(新)교통 사업인 보링(Boring) 까지…!!!

표 12. 엘론 머스크의 사업 분야 및 그가 창업 및 경영한 회사

구분	창업한 회사 및 주요사업	시작 년도 (나이)	경 과
인터넷 사업	zip2 집투 코퍼레이션(Zip2 Corporation) - 인터넷으로 도시 가이드를 제공	1995년 (24세)	1999년 컴팩(Coampaq)社에 의해서 307백만 달러 (약 300억원)에 인수
온라인 은행	x.com PayPal 엑스닷컴(X.com) 및 페이팔(Paypal) - 개인 대 개인의 이메일 송금 서비스	1999년 (29세)	2001년에 회사를 합병하면서 이름을 엑스닷컴(X.com)에서 페이팔(Paypal)로 변경 2002년 10월 이베이(ebay) 社에서 15억 달러 (약 1조6800억원)에 인수
민간 우주 사업	SPACEX 스페이스X(SpaceX) - 최초의 민간 우주사업	2002년 (32세)	2008년 NASA는 16억 달러 (약 1조 6천억원) 계약체결 2012년 5월 민간우주선으로 국제 우주정거장에 최초 도킹 2017년 5월 미국 정찰용 위상을 발사후 1단 로켓의 회수를 성공함

분야	회사	창업연도	비고
전기 자동차	테슬라(TESLA) - 무공해 전기자동차 사업	2003년 (33세)	2006년 로드스터를 시작으로 모델 S,E,X를 출시하였고 2010년 10월 캘리포니아 州에 연간 50만대 자동차 생산공장을 건설
태양광 사업	솔라시티(Solar City) - 가정용 태양전지 보급 사업	2006년 (36세)	현재 미국 최대 태양광 시장점유율 (주택 태양광 발전시설에 26% 점유)
배터리 사업	기가팩토리(Gigafactory) - 세계 최대의 리튬-이온 배터리 사업	2014년 (44세)	2014년 10월부터 미국 네바다 주에 건설하는 세계 최대의 리튬-이온 전지공장 (테슬라-파나소닉 합작, 50억불 투자, 2020년 준공, 6500명 고용예정)
초고속 운송 사업	하이퍼루프(Hyper Loop) - 세계 최고 속도의 육상이동 사업	2013년 (43세)	2013년 엘론 머스크 제안 (비행기 2배 속도, 서울-뉴욕 8시간 가능)
교통 사업	보링(Boring) - 지하로 복층의 3D 터널구축 및 자율주행 이동사업	2017년 (47세)	2016년 12월 엘론 머스크 제안 (2017년 본격적으로 사업 시작을 위한 아이디어 제안 및 추진 중)

표 12는 엘론 머스크의 사업 분야 및 그가 창업 및 경영한 회사를 필자(筆者)가 정리한 것이다.

그럼 여기서 필자(筆者)가 독자(讀者) 여러분에게 매우 중요한 질문을 몇 가지 해보겠다.

- 왜?? 미국이 왜 현재까지 세계 최고의 국가인가??
- 왜?? 미국은 세계 최고의 기술을 가지는 나라가 되었을까??
- 왜?? 미국은 전 세계에서 기술무역수지(로열티 수지)매년 359억 달러(약 40조원 이상)[115]를 받는 국가가 되었을까??
- 왜?? 엘론 머스크의 사업은 미국을 넘어서 전 세계를 열광시키게 되었을까??

다음 그림 3-8에서 미국 기업가는 모든 분들에게 매우 친숙한 사람들일 것이다.

- 엘론 머스크(Elon Reeve Musk)와 더불어 그림 3-8의 기업가들 공통점은 무엇인가??

(위 질문에서 "미국인", "부자", "세계적인 기업가", "발명가", "남자"는 정답에서 제외)

```
* 필자(筆者)가 진정 원하는 정답은
  : 중퇴생(中退生) 이다.
```

하버드(Havard) 대학을 중퇴하고 그의 동료 폴 앨런(Paul Allen)과 같이 마이크로소프트(Microsoft)社를 창업하고, 컴퓨터의 표준 운영

---

[115] 2012년 기준으로 기술무역수지 ①세계 1위 미국 359억 1000만 달러, ②세계 2위 일본 284억 8000만 달러, ③세계 3위 영국 225억 8000만 달러, ④세계 4위 이스라엘 107억 9000만 달러, ⑤세계 5위 독일 84억 5000만 달러임, 한국은 -57억 7500만 달러로 세계에서 기술무역수지 적자국으로 세계 4위이며, OECD 국가 중에서 꼴지를 차지하고 있음

체제(OS: Operating System)인 Window를 만든 빌게이츠(William Henry Gates III)

리드(Reed) 대학을 중퇴하고, 매킨토시(Macintosh) 컴퓨터와 아이폰(iPhone), 아이패드(iPad), 아이팟(ipod) 등을 개발하여 IT기기의 새로운 세상을 창시하고, 핸드폰의 개념을 스마트폰(Smart Phone)으로 변화시켜 애플(Apple)사를 세계적인 기업으로 성장시킨 스티브 잡스(Steve Jobs)

그림 3-8. 미국의 세계적인 기업가이자 발명가
(빌 게이츠[116], 폴 앨런[117], 스티브 잡스[118], 마크 주커버그[119])

빌 게이트와 비슷하게 **하버드(Havard)** 대학을 **중퇴**하고 그의 5명의 동료들과 세계 최대의 소셜 네트워크인 페이스북(Facebook)을 창업하여, 인터넷(Internat)에서 새로운 세상을 창시한 1984년生의 마크 주커버그(Mark Zukerberg)

그리고 **스탠포드(Stanford)** 대학을 **중퇴**하고, 집투 코퍼레이션(Zip2 Corporation), 페이팔(Paypal), 스페이스X(SpaceX), 솔라시티(Solar City), 기가팩토리(Gigafactory), 하이퍼루프(Hyper Loop) 및 테슬라(TESLA) 전기자동차 사업을 주도하는 엘론 머스크(Elon Reeve Musk)

바로 미국이 세계 최고인 이유는

> * 미친놈 소리를 듣지만,
>   가슴이 시키는 일을 할 줄 아는
>   진정한 리더(leader)가 있기 때문이다.

---

116) 빌게이츠(William Henry Gates III: 1955년~현재): 하바드 대학을 중퇴하고, BASIC 프로그램을 개발하고, 현재 모든 IT 기기의 표준 운영체제인 윈도우(Widow)를 발명하여 세계 최대의 소프트웨어 기업인 마이크로소프트(Microsoft)社를 창업하고, 손꼽히는 세계 갑부이자, 기부활동을 하는 미국의 기업인

117) 폴 앨런(Paul Gardner Allen : 1953년 ~ 현재) : 미국의 마이크로소프트(MS)사의 공동 창업자며 사업가, 학력은 워싱턴 주립대 중퇴이지만 재산이 약 227억 달러로 세계 10위 이내로 평가됨

118) 스티브 잡스(Steve Jobs: 1955년~2011년): 리드(Reed) 대학을 중퇴하고, 매킨토시 컴퓨터, 아이폰, 아이패드, 아이팟을 개발하여, 핸드폰의 개념을 스마트폰으로 변화시키고, 우리의 삶의 패턴을 스마트폰 안에서 새롭게 구현한 발명가, 손꼽히는 갑부이며, 미국의 기업인

119) 마크 주커버그(Mark Zukerberg: 1984년~현재): 하바드 대학을 중퇴하고, 그의 친구들과 함께 세계 최대의 소셜 네트워크 웹사이트인 페이스북(Facebook)를 창업하여 새로운 인터넷 세상을 구축하며, 자신의 보유한 주식의 99%를 기부한 미국의 프로그래머이자 기업인

미국에서 최고의 인재는 연구원, 박사, 교수, 변호사, 의사가 아니라 **"중퇴생(中退生)"**이다.

미국 기업을 이끄는 최고의 인재는 다름 아닌 **"중퇴생(中退生)"** 임을 꼭 기억하기 바란다.

소위 세계 최고의 대학이라는 하버드(Havard), 스탠포드(Stanford) 등의 대학을 중퇴(中退)하고, 세상을 변화시키기 위해서 도전하는 진정한 인재(人材)가 있기 때문이다.

왜?? **중퇴생(中退生)**이 미국 최고의 기업을 이끌고 있는 것일까?? 어쩌면 그들은 그만큼 편견(偏見)이 없기 때문이다.

어쩌면, **특허(特許, Patent)**라는 것은

소위 남들이 미쳤다고 말하는 불가능에 도전하며, 세상을 혁신적으로 변화시키려는 열망으로 가슴 속이 가득찬, "그래 뭐...실패해도 한번 사는 인생 도전해보지"라는 이 엄청난 정신으로 무장된

미국의 **"중퇴생(中退生)"**에게 가장 딱 어울리는 제도라고 할 수 있을 것이다.

때로는 안 된다. 어렵다, 불가능하다는 세상의 편견(偏見)과 발명에 미친놈이라는 욕은 먹지만, 그들은 모두 **"가슴이 시키는 일을 할 줄 아는 진정한 용기를 가진 자"**이다.

중요한 것은 그들은 모두 학업을 중단한 **"중퇴생(中退生)"**이지만, 공부를 포기한 **"중퇴생(中退生)"**은 아니다.

남들이 아무도 하지 않았던, 세상을 변화시키는 진짜 공부를 한 진정한 대가(大家)이자 발명가인 **"중퇴생(中退生)"**이다.

그럼 대한민국의 초,중,고 및 대학생의 꿈은 무엇인가??
대한민국의 최대 약점은 무엇인가??

2000년의 장대한 역사 속에서 무려 1000번 가까운 전쟁과 남북갈등 속에서 살아가는 우리의 현실 속에서...
너무 안정적인 직장을 원하며, 뭔가 안주하려고 하고, 편하게 살려고 하고, "조물주 위에 건물주"라는 말이 난무하는 것이 현실이 아닐까??

필자(筆者)는 변리사로서 몇몇 기업인들은 만나면서 이러한 목소리를 종종 들었다.

"우리나라에서는 특허(特許) 경영이 안 되는 것 같아요..!!"
"특허(特許) 있어봐야 별로 도움이 안 되요..!!"

필자(筆者)는 솔직히 그 기업인에게 되물어보고 싶다.
당신의 기업이 출원한 특허(特許)가 스스로 보기에 얼마나 감동적인 기술(技術)이며, 특허(特許)인지..??
당신의 기업이 도전한 기술은 세상을 변화시킬 수 있는 발명인지..??
도대체 몇 년을 고민했고, 세상을 얼마나 변화시킬 수 있는 기술(技術)인지..??
얼마나 불가능에 도전하는 기술(技術)이며 특허(特許)인지..??

당신의 기업의 특허(特許)가
그저 과제 제출용 실적 1건, 다른 기업, 다른 나라에서 했던 것 비슷한 기술과 유사한 특허 몇 건을 출원해보고, 그런 소리를 하는 것은 아닌지..??
기술(技術)경영 및 특허(特許)경영을 하면서 진정으로 성공하려면, 반드시 이런 소리를 들어야 한다.

"남들이 안 된다, 미쳤다. 불가능하다. 실패할 것이다....등등"

여기에 "남들이 그런 소리를 해도 내가 보기에 가능성 있다. 가능하다. 절대 성공할 것이다. 실패해도 후회 없다. 실패해도 또 다시 도전할 것이다."라는 자신감과 도전 정신이 있다면, 반드시 그 일은 가장 최고의 가능성이 있는 일이다.

그림 3-9는 한국이 낳은 세계적인 기업가인 현대그룹의 창업자 고(故) 정주영 회장, 삼성그룹의 창업자 고(故) 이병철 회장의 사진이다.

그림 3-9. 한국이 낳은 세계적인 기업가
[정주영 회장[120](좌측), 이병철 회장[121](우측)]

대한민국의 경제성장의 초석(礎石)에는 현대그룹의 창업자 고(故) 정주영 회장, 삼성그룹의 창업자 고(故) 이병철 회장의 경우, 한국경제를 성장시킨 기업인의 모델이며, 6·25 전쟁이후 폐허가 된 이 땅에서

---

[120] 정주영(1915년~2001년): 500원 지폐에 새겨진 이순신 장군의 거북선 그림을 바탕으로 외화를 빌려서 현대조선, 현대자동차, 현대중공업, 현대건설 등 현대그룹을 창업하여 한국의 조선, 자동차, 중공업, 건설 분야 발전에 기여하고 한국을 대표하는 기업가

[121] 이병철(1910년~1987년): 한국 최초로 반도체, 전자, IT의 꽃을 피울 수 있는 발판을 마련한 삼성전자, 삼성석유화학 등 삼성그룹을 창업하여 한국 반도체 및 IT 산업을 세계적인 수준으로 올려놓은 한국을 대표하는 기업가

마치 무(無)에서 유(有)를 창조한 도전정신과 개척정신으로 지금까지 한국 경제성장의 발판이 되고 있다. 어쩌면, 남들이 안된다. 미쳤다. 어렸다라고 말하는 불가능에 도전한 위대한 개척자(Frontier)인 정주영 회장님과 이병철 회장님이 있었기에 지금에 한국에는 현대그룹과 삼성그룹이 있었으며, 지금의 한국경제의 성장이 있었음이 분명하다.

현대그룹의 고(故) 정주영 회장은 500원 지폐를 들고 외국에서 외화를 빌려서 미쳤다는 소리를 들으며 울산 바닷가에 현대조선소를 창업했으며, 상성그룹 고(故) 이병철 회장은 모든 사람에게 미쳤다는 소리를 들으며 반도체 공장을 만들어서 지금의 삼성전자를 세계적인 IT기업으로 성장시켰으며, 지금의 한국경제 발전을 주도하였다.

어쩌면, 지금 이 시대에 대한민국에 가장 부족한 것은 인재(人材)이다. 어쩌면, 한국의 대학 진학률이 세계 최고이고, 한국인의 기본 학력이 너무 높고, 머리가 너무 좋아서, 실패할 확률이 높은 일에 대한 도전은 근본적으로 안하는 것에 너무 익숙한 것은 아닐까??

미친놈 소리를 들을 줄 아는 진정한 리더(leader)..!!
가슴이 시키는 일을 할 줄 아는 진정한 리더(leader)..!!

그런 리더(leader)가 점점 발견하기 어려운 것이 가장 큰 문제인 것 같다.

분명한 이야기이지만, 빌 게이츠, 폴 앨런, 스티브 잡스, 마크 주커버그 및 엘론 머스크 등으로 인하여 미국은 지금도 세계 최고의 기술, 과학, 경제, 국방 및 특허 등에서 세계최고의 국가로 인정받고 있는 것이다.

한국은 57억 7500만 달러(약 6조 3000억원, 2014년 기준)의 엄청난 기술 로열티(Royalty)를 주로 미국에 바치고 있다.

필자(筆者)가 특허 전문가로서 로열티(Royalty)를 아마도 확 줄이는 아주 혁신적인 방법 3가지를 다음과 같이 제안한다. 분명 국내 로열티(Royalty)가 몇 조원은 확실히 줄어들 것이다.

- 첫째, 스마트폰(Smart Phone) 안 쓴다.
- 둘째, 윈도우(Window) 프로그램 안 쓴다.
- 셋째, 페이스북(Facebook) 안하면 된다.

필자(筆者)가 제안한 위의 3가지 방법은 로열티(Royalty) 몇 조원의 절약되겠지만, 아마도 한국은 마비(麻痺) 될 것이다. 아마도 은행 거래도 중단될 것이다. 우리나라가 지금까지 경제가 성장했고, 한국은 선진국의 성공 모델을 그대로 모방하여 성장하는 캐치-업(Catch-Up) 타입(Type)으로 성장했고, 그래서 미국에게 엄청난 특허 로열티(Royalty)를 지급할 수밖에 없는 상황이다.

그러면 마지막 해결책은 우리나라의 모든 젊은이에게 있는 것 같다. 꼭 젊다는 것은 **신체적 나이가 어리다는 뜻이 아니라 도전정신과 젊은 가슴을 지닌 모든 사람을 의미하는 것**이다. 공무원, 교사, 변호사, 의사, 대기업 직원 등 남들이 보기에 좋은 안정적인 직업을 갖기 위한 사람들이 아니라.

"남들은 미쳤다고 말하지만, 가슴이 시키는 일을 할 줄 아는 진정한 용기를 가진 자", 즉 **"진정한 리더(leader)"**
가 꼭 나오길 기대한다. 바로 이들을 통하여 세상을 변화시키는 한국의 대(大)발명이 탄생할 것이고 진정으로 존경받는 리더(leader)가 나올 것이기 때문이다.

이제 테슬라 전기자동차 강력한 파워(Power)와 아름다움의 비밀이라는 이 책의 여행을 마무리하려고 한다.

테슬라(TESLA)社의 150여개 특허,
그 속에 숨겨진 세상을 뒤집는 신(新)기술

에 대하여 더욱 새롭고, 깊숙하게 느껴보는 시간이 되었으리라 확신한다.

파워(Power)가 약한 전기자동차의 한계를 발상의 전환을 통하여 아름답게 뛰어넘는 테슬라 자동차와 엘론 머스크(Elon Reeve Musk)의 도전을 살펴보았다.

특히 테슬라(TESLA)社 150여개 특허(特許)를
  첫째, 차체(車體) 외관과 관련된 디자인 및 특허 기술
  둘째, 모터 냉각과 관련된 특허 기술
  셋째, 배터리 배치와 관련된 특허 기술
  넷째, 배터리 냉각, 예열 및 관리와 관련된 특허 기술
  다섯째, 테슬라 루디크로스(Ludicrous) 모드[제로백 2.5초]의 비
        밀, 유도전동기 특허 기술
  여섯째, 슈퍼 충전기와 관련된 특허 기술
의 6가지 세부 기술로 나누어서 감동적인 특허 기술을 여러분에게 소개하였다.

엘론 머스크와 테슬라(TESLA)社는 파워(Power)가 약한 전기자동차의 한계를 기술로서만 뛰어넘는 기술 중심의 기업이 아니다.

테슬라(TESLA)社는 테슬라다운 이미지를 디자인과 특허로 등록받음을 통하여 **자사(自社)의 고유한 브랜드(Brand)에 독특한 이미지를 트레이드 드레스(Trade Dress)로 담는데 가장 성공한 전기자동차 기업**이다.

테슬라(TESLA)社는 기술(技術)을 예술(藝術, Art)로 아름답게 만들어 낸 기업이다.

특허전문가인 필자(筆者)가 보기에 성장하는 기업의 특허출원 전략은 테슬라(TESLA)社처럼 해야만 반드시 성공한다고 말하고 싶다. 테슬라社는 세계적으로 성장하는 기업의 가장 성공적인 모델을 보여주고 있다.

끝으로 필자(筆者)가 보기에 테슬라 전기자동차에 대하여 많은 사람이 열광하는 진짜 이유는...!!

"가슴이 시키는 일을 할 줄 아는 진정한 리더(leader)의 열정과 세상을 아름답게 변화시키고자 하는 엘론 머스크의 철학(哲學, Philosophy)"이 테슬라 전기자동차와 그의 사업 속에 살아서 숨쉬기 때문이다.

그림 3-10. 테슬라 전기자동차 모델 S, 모델 3, 모델X 및 모델 Y[122]

---

[122] 테슬라社는 모델 S, 모델 X 및 모델 3에 이어서 보급형 중·저가 SUV인 모델 Y를 조만간 출시예정이며, 그들의 이니셜을 조합하면 SEXY가 된다. 테슬라社는 모델 E로 이름을 명명(命名)하고 싶었지만, 모델 3은 미국의 포드(Ford)社가 이미 상표로 등록했기 때문에 E를 뒤집어 모델 3으로 명명하였고, 모델 Y의 출시를 통하

테슬라 전기자동차의 가슴 뛰는 감동적인 특허(特許)와 아름다운 외관을 보면, 마치 테슬라社의 자동차 모델 이름을 합친 것처럼 섹시(SEXY)한 것 같다.

필자(筆者)도 다음번 차량으로 테슬라(TESLA) 전기자동차를 반드시 선택할 것이다. 섹시(SEXY)한 테슬라 전기자동차를 운전하는 그 날을 꿈꾸어 본다.

이 책을 끝까지 읽어주신 독자(讀者) 분들에게 진심으로 경의(敬意)와 감사(感謝)를 표한다.
끝으로, 엘론 머스크(Elon Reeve Musk)의 철학이 담긴 아래의 명언(名言)을 여러분의 가슴 속에 소중한 씨앗으로 간직해 주기를 바란다. 언젠가 그 씨앗이 싹을 틔워서, 멋진 거목(巨木)으로 성장하길 꿈꾸며, 이번 테슬라(TESLA) 여행을 마치겠다. 끝.

> 실패는 하나의 옵션입니다.
> 만약 무언가 실패하고 있지 않다면,
> 충분히 혁신하고 있지 않는 것입니다.
>   - 엘론 머스크(Elon Reeve Musk)

여 S-E-X-Y 라인업을 구축하게 되었다. 전기자동차의 출시 모델의 이름까지도 특별한 의미 SEXY로 만들어내는 브랜드(Brand) 전략은 가장 성공적인 브랜드 모델로 평가받고 있다.

부록

* 2017년 7월 전력전자학회에서 발표하는 필자(筆者)

부록1. 전력전자학회 학술대회 논문

* 2017년 7월 전력전자학회 하계학술대회 발표논문

전력전자학회 논문집 2017. 7. 4 ~ 7. 6

테슬라(TESLA) 전기자동차 핵심 기술동향

배진용
창성특허법률사무소

The Core Technical Trends of TESLA EV(Electric Vehicle) Motors

Jin-Yong Bae
Changsung Patent & Law Firm

ABSTRACT

This paper review the core technical trends of TESAL EV(Electric Vehicle) Motors. The object of this study analyzes electric vehicle's body appearance, motor cooling system, battery arrangement, battery management system (BMS) and super charging station etc.

1. 서 론

본 연구에서는 현재 전 세계적으로 돌풍을 일으키고 있는 테슬라(TESLA) 전기자동차의 핵심 기술에 대하여 살펴보고자 한다. 테슬라 전기자동차는 2010년도에 고작 1,500대의 전기자동차를 판매한 중소기업이었지만, 2016년도 76,000대 전기자동차 판매를 기록하였고, 2018년도에는 연간 50만대 이상의 전기자동차를 판매할 것으로 예측되며, 세계적인 돌풍을 일으키는 자동차 회사로 급격하게 성장하고 있다.

그림 1 테슬라 전기자동차 모델 S의 주요 성능
Fig. 1 Key performance of TESLA EV Model S

그림 2 테슬라 전기자동차 구조
Fig. 2 TESLA EV structure

2017년 3월에는 경기도 하남시 하남스타필드에 대한민국 1호 매장의 오픈(Open)을 시작으로 이제 한국에서도 본격적으로 전기자동차의 시대의 오픈을 시작하였다. 본 연구에서는 테슬라의 핵심기술이 담겨있는 특허들[1] 분석을 바탕으로 전기자동차의 차체(후렴) 외관, 모터(Motor) 냉각 시스템, 배터리 배치, 배터리 관리 시스템(BMS), 슈퍼충전소 및 충전기 등을 중심으로 테슬라의 핵심 기술동향에 대하여 살펴보겠다.

2. 본 론

2.1 테슬라 전기자동차의 특허기술 현황

표 1은 테슬라의 특허기술 현황이며, 2017년 4월 기준으로 크게 8가지 세부기술에 총 158건의 특허를 등록하였으며, 기술에 따라서 분류하였다.

표 1 테슬라 전기자동차의 특허기술 현황
Table 1 Patent Status of TESLA EV(Electric Vehicle)

구분	세부적용 기술	등록특허 (건수)	등록특허 차지하는 비율
세부기술1	전기자동차의 차체(후렴) 외관	44건	27.9%
세부기술2	배터리 관리 시스템 (BMS, Battery Management System)	28건	17.7%
세부기술3	모터, 배터리의 냉각기술	27건	17.1%
세부기술4	배터리 배치기술	25건	15.8%
세부기술5	전력변동 및 모터기술	13건	8.2%
세부기술6	배터리 충전기 기술	11건	7.0%
세부기술7	전기자동차 차어 기술	5건	3.2%
세부기술8	기동력 보조 기술	4건	2.5%
기타	자동차관련 통신	1건	0.7%
전체		158건	100.0%

2.2 전기자동차의 차체(후렴) 외관[1-4]

그림 3 테슬라 전기자동차 외관 디자인 특허 USD775006호, USD775006호 및 USD780663호[1]
Fig. 3 TESLA EV Exterior Design Patent USD775006, USD775006 and USD780663[1]

- 64 -

그림 4. 테슬라 전기자동차 문(Door) 디자인 특허 USD678154호[2]
Fig. 4 TESLA EV Door Design Patent USD678154[2]

2.3 모터 냉각기술[3-4]

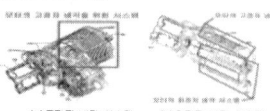
(a)고정자 냉각 시스템   (b)회전자 냉각 시스템
그림 5. 테슬라 전기자동차 모터 냉각과 관련된 특허 US9030063호[3]
Fig. 5 TESLA EV Motor Cooling Patent US9030063[3]

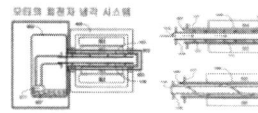
그림 6. 테슬라 자동차 회전자 냉각과 관련된 특허 US7489057호,
US7679726호 및 US9331562호[4]
Fig. 6 TESLA EV Motor Cooling Patent US7489067, US7679726
and US9331562[4]

2.4 배터리 배치 및 배터리 관리 시스템(BMS)[5-6]

그림 7. 테슬라 전기자동차 배터리 배치 특허 US9046030호[5]
Fig. 7 TESLA EV Battery Arrangement Patent US9046030[5]

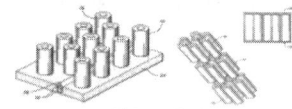
(a)배터리 셀의 배치

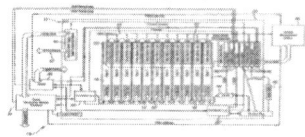
(b)배터리 셀의 전압 균형
그림 8. 테슬라 전기자동차 셀의 배치 및 전압 균형 특허 US7433074호[6]
Fig. 8 TESLA EV Battery Voltage balance of battery cell Patent US7433074[6]

2.5 배터리 충전기 기술[7-8]

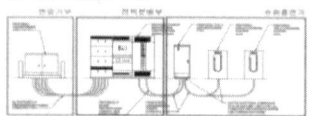
그림 9. 테슬라 슈퍼충전소 및 충전기 구조[7]
Fig. 9 TESLA super charging station and charger structure[7]

표 2 테슬라 슈퍼충전기의 주요 스펙(Spec)[7]
Table 2 Key specifications of TESLA Super Charger[7]

구분	충전 스펙
입력전압	교류(AC) 200~480[V]
입력전류	280A @200-240VAC / 160A@480VAC
주파수	50 또는 60 Hz
출력전압	직류(DC) 40~410[V]
출력전류	최대 210[A]
동작온도	-30℃ ~ 50℃

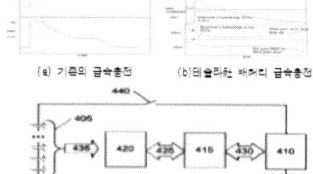
(a) 기존의 급속충전   (b)테슬라 배터리 급속충전

(c)테슬라 전기자동차 배터리 충전기
[배터리 충전기(440), 배터리 관리 시스템(415) 및 서브 시스템(420)]
그림 10. 테슬라 배터리 급속 충전 특허 US8764614호 및 US8970182호[8]
Fig. 10 TESLA Battery Quick Charger Patent US8764614호 및 US8970182[8]

3. 결 론

본 연구에서는 전 세계적으로 돌풍을 일으키고 있는 테슬라(TESLA) 전기자동차의 핵심 기술에 대하여 살펴보았다. 테슬라는 출력(Power)이 부족한 단점을 모터(Motor)의 고정자 및 회전자 냉각시스템으로 보완시켰으며, 주행거리 및 충전특성 등을 향상시켰기에 세계적인 전기자동차 회사로 급속하게 성장하고 있으며, 우리 기업과 대학에서 핵심기술 개발 및 원천특허 확보의 노력이 계속되어야 할 것으로 생각된다.

참 고 문 헌

[1] 테슬라 자동차 디자인 특허 USD773016호, USD773016호 및 USD80763호
[2] 테슬라 자동차 디자인 특허 USD678154호
[3] 테슬라 자동차 특허 US9030063
[4] 테슬라 자동차 특허 US7489067호, US7679725호 및 US9331582호
[5] 테슬라 자동차 특허 US9046030호
[6] 테슬라 자동차 특허 US7433074호
[7] http://www.teslamotorsclub.com/showwiki.php?title=Supercharger
[8] 테슬라 자동차 특허 US8754614호 및 US8970182호

부록2. 대한전기학회 학술대회 논문

* 2017년 10월 대한전기학회 추계학술대회 발표논문

2017년도 대한전기학회 전기기기 및 에너지변환시스템부문회 추계학술대회 논문집 (2017. 10. 26 ~ 27)

테슬라(TESLA) 전기자동차 루디크로스(Ludicrous) 모드에 관한 연구

배진용
창성특허

A Study on the Ludicrous Mode of TESLA EV(Electric Vehicle) Motors

Jin-Yong Bae
Changsung Patent & Law Firm

Abstract - This paper reviews the Ludicrous Mode of TESLA EV(Electric Vehicle) Motors. The TESLA EV Motors is explosively popular with a considerable recharging infrastructure, a wide 17 [inch] touch-display, 417 [HP], and 378 [km] going distance. The object of this study analyzes IM(Induction Motor) technology which is a rapid acceleration type of Tesla EV Motors that achieves 0~100 [km] speed 2.6 seconds.

1. 서 론

본 연구에서는 현재 전 세계적으로 돌풍을 일으키고 있는 테슬라(TESLA) 전기자동차의 루디크로스(Ludicrous) 모드 기술에 대하여 살펴보고자 한다. "루디크로스(Ludicrous)"라는 의미는 "터무니없는"이라는 뜻으로, 테슬라(TESLA) 전기자동차의 제로백(0~100 [km]) 가속시간이 2.6초를 의미한다. 테슬라 전기자동차는 2010년도에 고작 1,500대의 전기자동차를 판매한 중소기업이었지만, 2016년도 76,000대 전기자동차 판매를 기록하였고, 2018년도에는 연간 60만대 이상의 전기자동차를 판매할 것으로 예측되며, 세계적인 돌풍을 일으키는 자동차 회사로 급격하게 성장하고 있다.

2017년 8월에는 경기도 하남시 하남스타필드에 대한민국 1호 매장의 오픈(Open)을 시작으로 이제 한국에서도 본격적으로 전기자동차의 시대의 오픈을 시작하였다. 본 연구에서는 테슬라(TESLA) 전기자동차의 인기의 비결과, 제로백(0~100 [km]) 가속시간이 2.6초를 달성한 급가속 유도전동기 기술인 루디크로스(Ludicrous) 모드에 대하여 살펴보겠다.

2. 본 론

2.1 테슬라(TESLA)의 인기 비결 및 특허기술 현황

현재 전 세계에서 테슬라(TESLA) 전기자동차가 인기를 누리는 가장 큰 이유는 자동차의 개념을 완전하게 변화시킨 신(新)개념의 자동차이기 때문이다. 기존의 자동차는 단순하게 사람 및 물건을 이동시키는 운송 수단에 불과하지만, 테슬라(TESLA) 전기자동차는 마치 애플의 성공적인 스마트폰(Smart-Phone)으로 성공적으로 자동차의 개념을 변신시키고 있다[1-2].

<그림 1> 테슬라 전기자동차 모델 S의 주요 성능

<그림 2> 테슬라 전기자동차 구조

<그림 3> 테슬라 전기자동차 모델 운전석

<그림 4> 테슬라 전기자동차 모델S 프렁크(좌측) 및 트렁크(우측)

그림 2 및 그림 3은 테슬라(TESLA) 전기자동차의 운전석, 프렁크(Frunk: Front+Trunk의 합성어) 및 트렁크를 나타낸다. 표면적으로 테슬라(TESLA)는 전기자동차의 최대 약점인 주행거리 및 출력(토크)을 월등하게 향상시켰다. 1회 충전 주행거리를 최대 510 [km](한국기준 T인 378 [mm])까지 확대시켰으며, 동시에 최대출력 417 [HP], 최고시속 250 [km]

및 제로백(0~100 [km/h] 도달시간) 4.4 [Sec]를 보이고 있다. 더불어 운전석 바로 앞에는 시각성이 탁월한 17 [inch] 터치(touch) 디스플레이를 통하여 차량 전체의 상태를 체크(Check) 및 제어할 수 있으며, 배터리 상태, 이미지 센서, 블랙박스(Black Box), 인터넷 및 내비게이션(Navigation) 및 자율주행 운전 등을 모두 통합적으로 제어할 수 있으며, 자동차에 짐을 넣을 수 있는 새로운 수납공간인 프렁크(Frunk)를 만들어 전방 수하물을 가장 잘 흡수하고, 동시에 가장 넓은 수납공간을 가진 자동차를 만들게 되었다[1~3].

그림 5는 전 세계 테슬라 수퍼충전소를 나타내고 있다. 전기자동차의 가장 큰 단점은 리튬-이온 배터리의 에너지 저장밀도의 한계로 인하여 주행거리가 짧다는 것이다. 이 문제를 해결하기 위하여 주행거리를 고려한 수많은 충전소의 확충은 필수적이다. 테슬라(TESLA) 전기자동차의 인기의 이유는 급속충전(40분) 이나, 현재는 20분까지 충전시간 단축시킴)이 가능한 슈퍼충전소를 미국과 서유럽 곳곳에 상당히 확충하였으며, 중국, 일본 및 멕시코, 호주, 아랍에미리트(UAE)의 대도시 및 고속도로를 중심으로 슈퍼충전소를 구축하고 있다. 그리고 이제는 대한민국에도 슈퍼충전소가 14개 이상으로 설치 공사 중이다[3].

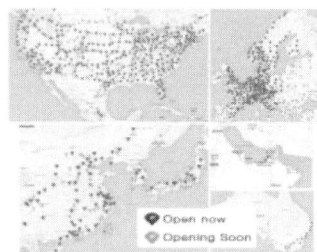

〈그림 5〉 테슬라 전기자동차 전세계 충전소 현황[3]

테슬라(TESLA)社는 전기자동차의 주행거리 및 출력을 향상시켰으며, 17 [inch] 터치(touch) 디스플레이를 통한 전기자동차의 통합제어, 프렁크(Frunk)의 설치 및 전 세계 최다(豊富)의 슈퍼충전소 인프라(Infra) 구축을 통하여 돌풍(突風)을 일으키고 있다.

하지만, 2018년 3월 테슬라(TESLA)社는 가격이 1억원 이상의 고가(高價) 전기자동차(모델 S, 모델 X)가 아닌 1/2 정도의 저렴한 전기자동차인 모델 3을 발표하였다. 모델 3은 최고의 가성비(價性比)를 가지며, 저렴한 유지비로도 인하여 폭발적인 인기를 끌고 있다. 사전예약만 40만대를 넘어서고 있다.

이러한 테슬라(TESLA)社 미국, 유럽, 일본, 중국 등을 중심으로 전 세계에 특허를 출원하고 있으며, 2017년 4월까지 미국에 총 158건의 특허를 등록하였다. 아래의 표 1은 2017년 4월까지 등록된 158건의 미국 등록 특허의 8가지 기술 현황을 나타낸다[1~2].

2.2 기존의 슈퍼카 및 테슬라 전기자동차의 위상

그림 6은 기존의 세계에서 제로백이 가장 빠른 차량 랭킹 1위 내지 3위를 나타낸다. 제로백이 가장 빠른 차량은 영국의 자동차 계열사 에어리얼(Ariel)社에서 만든 아톰(Atom) 500 V8이다. 이 차량은 일반 상용화(대중화)된 자동차가 아닌 경주용 자동차이며, 제로백 0~100 [km]의 가속시간이 2.3초이다.

상용화된 차량으로는 세계적인 슈퍼카(Super Car)로 인정받고 있는 독일 폭스바겐(Volkswagen)社에 계열사인 부가티 베이론 슈퍼 스포트(Bugatti Veyron Super Sport)와 독일 포르쉐(Porsche)社에서 만든 포르쉐 918 스파이더 바이삭 패키지(Porsche 918 Spyder Weissach Package)가 있다.

<표 1> 테슬라 전기자동차의 특허기술 현황

구분	세부적인 기술	미국 등록특허 (건수)	등록특허 차지하는 비율
세부기술1	전기자동차의 차체(車體) 외관	44건	27.8%
세부기술2	배터리 관리 시스템 (BMS: Battery Management System)	28건	17.7%
세부기술3	모터, 배터리의 냉각기술	27건	17.1%
세부기술4	배터리 배치 기술	25건	15.8%
세부기술5	전력변환 및 모터기술	13건	8.2%
세부기술6	배터리 충전기 기술	11건	7.0%
세부기술7	전기자동차 제어 기술	5건	3.2%
세부기술8	과전류 보호 기술	4건	2.5%
기타	자동차끼리 통신	1건	0.7%
전체		158건	100.0%

(a) 에어리얼 아톰 500 V8(제로백 세계 1위: 2.3초)

(b) 부가티 베이론 슈퍼 스포트(제로백 세계 공동 2위: 2.6초)

(c) 포르쉐 918 스파이더 바이삭 패키지(제로백 세계 공동 2위: 2.6초)

(d) 코닉세그 원(좌측), 닛산 GT-R(우측)(제로백 세계 공동 3위: 2.7초)

〈그림 6〉 기존의 제로백이 가장 빠른 자동차 랭킹 1위 내지 3위

두 차량의 제로백이 세계 공동 2위로서 2.6초이다. 폭스바겐社의 부가티 베이론 슈퍼 스포트의 가격은 약 25억 내지 30억 원이며, 포르쉐社의 포르쉐 918 스파이더 바이삭 패키지는 18억 내지 16억원의 가격으로 판매되고 있다. 특히 폭스바겐社의 부가티 베이론 슈퍼 스포트는 1200 [HP]의 출력을 가지

며, 포르쉐한의 포르쉐 918 스파이더 바이삭 패키지는 887 [HP]을 보유하고 있으며, 제로백 0~100 [km]의 가속시간이 2.6초로 세계랭킹 공동 2위이다. 그 다음으로는 스웨덴 에커그룹에서 만든 코닉세그 원(Koenigsegg One)은 1380 [HP]을 보유하며, 일본 닛산(Nissan) GT-R은 645[HP]을 가지며, 제로백 0~100 [km]의 가속시간이 2.7초로 세계랭킹 공동 8위를 차지하고 있었다.

위의 차량들은 한마디로 슈퍼카(Super Car)로서 수억에서 많게는 수십억원을 호가하는 엄청난 조력(Power)를 자랑하는 자동차이다.

2016년 8월 테슬라(TESLA)社는 모델(Model) S P100D를 발표하면서 제로백 0~100[km] 보탠하는 시간 2.6초라는 루디크로스(Ludicrous) 모델을 발표하였다.

여기서 "F"는 퍼포먼스(Performance)의 약어로 주행성능을 강화시킨 것이며, "100"은 리튬-이온 배터리의 용량으로서 100[kWh]의 용량을 의미한다. "D"는 듀얼 모터(Dual Motor)의 약어로서 전류 및 후륜 구동이 모두 가능한 것을 의미하며, "루디크로스(Ludicrous)"는 "터무니없는" 이라는 제로백 (0~100[km]) 가속시간이 2.6초인 것을 의미 한다.

<표 2> 세계에서 순간가속력(제로백)이 가장 빠른 자동차 순위

순위	자동차 이름	출력 [HP]	제로백 시간 [초]
1위	영국 애리얼앨탁 아톰 500 V8	500[HP]	2.3
2위	미국 테슬라社 모델 S P100D	417[HP]	2.5
3위	독일 폭스바겐社 부가티 베이론 슈퍼 스포츠	1200[HP]	2.6
	독일 포르쉐社 918 스파이더 바이삭 패키지	887[HP]	
4위	스웨덴 에커그룹 코닉세그 원	1380[HP]	2.7
	일본 닛산 GT-R	545[HP]	

이제 테슬라 전기자동차는 그냥 전기자동차가 아니다. 당당하게 슈퍼카(Super Car)의 이름을 올린 자동차로 금수상한 것이다. 더욱이 그동안 슈퍼카(Super Car)라는 자동차는 독일, 영국, 스웨덴 등의 유럽 자동차 회사가 그 순위를 차지하고 있었지만, 이거는 순수 100% 친환경 전기자동차라는 이름이 미국의 테슬라(TESLA)라는 이름이 당당하게 등장하게 되었다.

2.3 테슬라 전기자동차 루디크로스(Ludicrous) 모드

본 논문에서는 테슬라 전기자동차가 기존에 제로백 4.4초에서 어떻게 제로백이 2.6초로, "루디크로스(Ludicrous)=터무니없는" 이라는 순간 가속력의 발전을 이룰 수 있는지 고찰하였다.

2.3.1 유도전동기 냉각기술

일반적으로 화석연료(휘발유, 경유) 자동차와 비교하여 전기자동차의 가장 큰 약점은 출력이 약한 것이 특징이다.

<표 2> 휘발유와 리튬-이온 배터리의 에너지 밀도 비교[1]

기준	휘발유	리튬-이온 배터리	차이
무게(1kg 기준)	46MJ	0.7MJ	65.71배
부피(1L 기준)	36MJ	2.23MJ	16.14배

표 2는 휘발유와 리튬-이온 배터리의 에너지 밀도를 비교한 것이다. 현재 리튬-이온 배터리 성능이 상당히 발전했지만, 무게 기준으로 휘발유의 약 1/66배, 부피 기준으로 휘발유의 약 1/16배의 엄청난 차이를 보이고 있다. 즉 아직까지 전기자동차의 주행거리의 한계는 바로 리튬-이온 배터리가 지장하는 에너지 밀도의 한계에 기인한다고 할 수 있을 것이다.

더불어 전기자동차의 또 다른 가장 큰 약점은 화석연료(휘발유, 경유)를 사용하는 엔진과 비교하여 전기 모터의 출력이 상당히 약하다는 것이다.

일반적으로 주행하는 약 100 [HP]. 대형차는 약 200 [HP], 스포츠카는 300 내지 400 [HP] 이상임을 감안하면, 전기자동차는 100 [HP] 이상의 고(高)출력을 발생시키기가 매우 어렵다. 그 이유는 100 [HP]의 모터 길이가 약 90 내지 100 [cm]의 길이를 감안하면, 300 [HP] 이상의 모터의 경우 일정(一定) 길이의 자동차 후에 묻어가기 어려운 가장 근본적인 문제점이 있다.

테슬라(TESLA) 전기자동차는 이러한 문제점을 혁신적으로 극복했으므로, 약 100 [HP]의 유도전동기를 사용하여 최대 출력이 417 [HP]이라는 경이(驚異)적인 출력을 내는 세계에서 가장 강력한 전기자동차가 되었다.

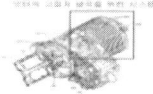 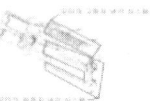

(a) 고정자 냉각 시스템   (b) 회전자 냉각 시스템
<그림 7> 테슬라 전기자동차 모터 냉각과 관련된 특허 US9030063호[5]

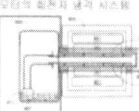 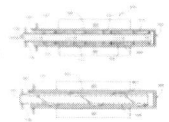

<그림 8> 테슬라 자동차 모터 회전자 냉각과 관련된 특허 US7489057호[6], US7579725호[7] 및 US9331552호[8]

그림 7 및 그림 8은 테슬라(TESLA) 유도전동기(IM)의 고정자 및 회전자 냉각 시스템을 나타낸다. 테슬라(TESLA)社는 약 100 [HP]의 유도전동기(IM)를 사용하여 최대 417 [HP] 이상의 출력을 발생시킬 수 있는 전기자동차를 발명했으므로, 그 특징은 유도전동기(IM)에서 히스테레시스(Hysteresis) 및 와전류(Eddy current) 손실로 인하여 발생하는 고정자 및 회전자의 열을 가장 효과적으로 냉각(冷却)시키는 기술이다.

바로 테슬라(TESLA) 전기자동차의 심장인 모터를 회전자에 영구자석이 박혀있는 영구자석 동기전동기(PMSM: Permanent Magnet Synchronous Motor)를 선택하지 않고, 유도전동기(IM)를 채택한 가장 큰 이유는 바로 회전자의 속도 과다로 냉각(冷却)시키기 위한 것으로 분석된다.

특허 테슬라(TESLA)社의 미국특허 US9080063호[5], US7489067[6], US7579725[7] 및 US9881662[8]는 유도전동기(IM)의 출력을 향상시키기 위한 냉각(冷却) 기술에 관한 것으로서 가장 핵심적인 기술을 분석했다.

특허 테슬라(TESLA)社의 미국특허 US9080063[5]에는 유도전동기(IM)의 고정자 외부에 냉매(Coolant)가 흐를 수 있는 냉각(冷却) 통로를 설치하여 유도전동기(IM)의 회전자 중심을 조심(中心)의 냉매(Coolant) 통로에서 회전자의 열을 빼내는 냉각(冷却) 기술을 제시하였다. 또한, 테슬라(TESLA)社의 미국특허 US7489067[6], US9881662[8]에서는 유도전동기(IM)의 회전자 냉각(冷却) 시스템에 대한 가장 핵심기술을 소개하였다. 유도전동기(IM)의 회전자 중심을 조심하고, 회전 가능한 편(Pin)이 있는 튜브(Tube)를 설치하여, 먼저 냉매(Coolant)를 튜브(Tube)의 중심에 유입(流入)하고, 튜브(Tube) 외측에서의 편(Pin)을 통하여 회전자의 열을 유도전 달시키는 것을 가장 핵심적인 기술로 한다.

테슬라(TESLA) 전기자동차가 약 100 [HP]의 유도전동기(IM)를 사용하여 최대 출력 417 [HP]을 발생시키는 비밀(機密)은 바로 유도전동기(IM)의 고정자 및 회전자 냉각(冷却) 기

203

숲이며, 특히 그 중에서 회전자 냉각(냉회) 기술은 테슬라(TESLA)만의 가장 독보적인 기술로서, 유도전동기(IM)가 가지는 과욕(Power)의 한계를 벗어났으며, 개토베이 4.4효를 달성한 최고의 기술이라고 할 수 있을 것이다.[8-9]

2.3.2 이중농형과 심구농형을 결합시킨 테슬라 유도전동기
테슬라는는 기존에 개토베이 4.4효에서 한가는 개토베이 2.5 효인 루디크로스(Ludicrous) 모드 기술을 완성하였다.
구체적으로 테슬라(TESLA)만의 158건 미국 등록 특허 중에서 전력변환 및 모터기술이 18건(8.23%)이며, 보다 세부적으로는

1) 유도전동기와 관련된 기술이 6건(8.80%)
2) 유도전동기 제어를 위한 인버터(Inverter) 제어기술이 3건(1.90%),
3) 배터리 충전 및 유도전동기 전력변환을 위한 양방향(bidirectional) 컨버터 기술 2건(1.27%)
4) 기타 기술 2건(1.27%)으로 구성되어 있다.

테슬라(TESLA) 전기자동차는 개토베이 2.6효를 달성하기 위하여 바로 유도전동기의 이중농형(Double squirrel cage)과 심구농형(Deep bar rotor)을 결합시킨 새로운 형태의 테슬라(TESLA) 유도전동기술 US7741750호[9], US8122690호[10], US8154166호[11] 및 US8154167호[12]의 4건의 미국 등록 특허를 통하여 이득한 것으로 분석된다.

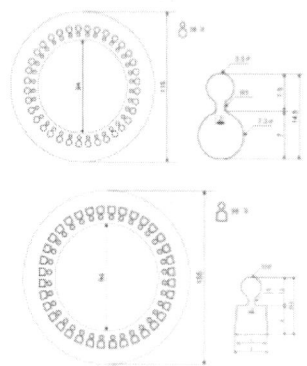

<그림 9> 이중농형 방식의 유도전동기 구조

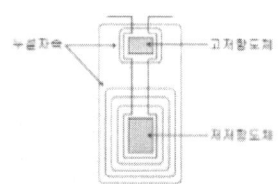

<그림 10> 이중농형 방식의 유도전동기 회전자 슬롯(Slot) 단면

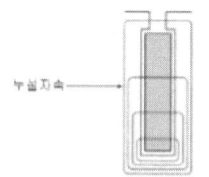

<그림 11> 심구농형 방식의 유도전동기 회전자 슬롯(Slot) 단면

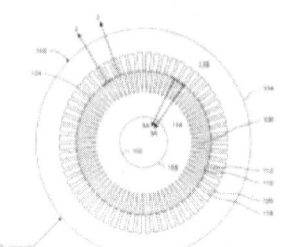

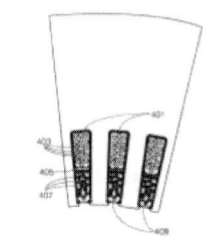

<그림 12> 테슬라 이중농형 + 심구농형 유도전동기 특허 US7741750호[9], US8154167호[11]

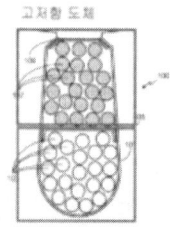

<그림 13> 테슬라社 이중농형 + 심구농형 유도전동기 특허 US8122690호[10], US8154166호[12]

그림 9는 대표적인 이중농형 방식의 유도전동기 구조를 나타내며, 그림 10은 이중농형 방식의 유도전동기 회전자 슬롯(Slot) 단면을 나타낸다. 그리고 그림 11은 심구농형 방식의 유도전동기 회전자 슬롯(Slot) 단면을 나타낸다[14].

이중농형(Double squirrel case)은 유도전동기의 고정자의 슬롯(Slot)이 2중(2단)의 구조로 되어있는 방식을 의미한다. 이 중농형은 상부 슬롯(Slot)에 저항이 높은 고저항 도체를 삽입하고, 하부 슬롯(Slot)에 저항이 낮은 저저항 도체를 삽입하는 유도전동기 구조이다. 초기 기동시의 전류는 저항이 높은 상부 도체로 흐르므로, 기동토크가 증가하는 동시에 기동 전류가 작으며, 정상상태에서는 저항이 낮은 하부 도체 전류가 흐르므로 우수한 운전특성을 보이는 것을 기술적 특징이 있다. 또한 심구농형(Deep bar rotor)은 유도전동기에서 회전자 슬롯(Slot) 이 폭에 비해 현저하게 깊은 방식으로 유도전동기의 기동 및 정지가 자주 되풀이되는 경우에 적합하고, 특히 냉각(冷却) 특성이 우수한 것이 장점이다.

유도전동기 기술 중에서 이중농형(Double squirrel case)은 순간 가속력을 높이는 기동토크와 기동전류가 작은 장점은 있지만 냉각(冷却) 특성이 우수하지 못하며, 슬롯(Slot)을 이중(Double)으로 계과하여야만 하므로 가공비용이 높은 단점이 존재하고 있다. 또한, 심구농형(Deep bar rotor)은 기동 및 정지가 빈번하게 일어나는 유도전동기에서 유리하고 냉각(冷却) 특성이 우수한 장점이 있다.

그림 12와 그림 13은 테슬라 이중농형 + 심구농형 유도전동기 특허 US7741750호[8], US8122590호[10], US8154166호[11] 및 US8154167호[12]를 나타낸다.

테슬라라는 유도전동기 회전자 슬롯(Slot)의 전체적인 형상을 슬롯(Slot)의 폭에 비해 현저하게 길게 회전자 도체를 적용시킨 심구농형(Deep bar rotor)으로 하였다.

그리고 심구농형(Deep bar rotor) 슬롯(Slot)에 저항 같이 낮은 저저항 도체와 저항 같이 높은 고저항 도체를 2중(2단)으로 배치한 새로운 테슬라(TESLA) 유도전동기를 제안한 것이다. 즉 심구농형(Deep bar rotor)에 이중농형(Double squirrel case)의 권선저치를 한 것이다.

자동차라는 것은 한마디로 기동 및 정지가 빈번하게 일어나는 장치이다. 즉, 가다, 서다를 하루에도 수십 또는 수십 번 반복하는 장치이다. 더불어 자동차 운전자들은 순간가속력이 높은 자동차를 선호하는 것은 지극히 당연한 현상이다. 테슬라 전기자동차 유도전동기는 바로 이중농형(Double squirrel case)의 장점과 심구농형(Deep bar rotor)의 장점을 결합시키며, 이중농형(Double squirrel case)의 냉각(冷却) 특성이 우수하지 못한 것과 가공비용이 높은 단점을 심구농형(Deep bar rotor) 방식으로 극복하는 해법을 제안했으며, 최고 2.5초의 제로백을 달성한 것으로 분석된다[5-14].

3. 결 론

본 연구에서는 2017년 4월까지 등록된 168건의 테슬라(TESLA)한 미국 등록 특허 중에서 테슬라(TESLA) 전기자동차의 급가속 모드인 루디크로스(Ludicrous) 모드와 관련된 특허에 대하여 분석하였다. 특히 유도전동기 냉각기술을 통하여 각 4배 이상의 모터출력(최대 417 [HP])을 발생시켰으며, 이중농형과 심구농형을 결합시킨 새로운 테슬라(TESLA) 유도전동기를 제안한 것으로 고찰하였다. 이를 통하여 이제 슈퍼카(Super Car)의 대명사인 부가티 및 포르쉐 자동차에 맞먹는 가속력(제로백 2.5[초])을 달성한 것으로 보이며, 전기자동차가 가지는 근본적인 한계를 신선한 발상의 전환을 통하여 극복하여 세계적인 자동차 기업으로 급성장하는 테슬라(TESLA) 한의 기술에 대하여 집중적으로 소개하였다.

본 연구에서 소개한 테슬라(TESLA) 전기자동차의 보편적인 기술개발 현황을 우리나라, 기업 및 대학이 참고하여 미래의 핵심적인 운송수단인 전기자동차에 대하여 원천기술 개발 및 원천특허 확보를 위한 집중적인 투자가 더욱 절실하게 필요한 것으로 생각된다.

[참 고 문 헌]

[1] 배진용, "테슬라(TESLA) 전기자동차 핵심 기술동향", 전력전자학회지 논문집, pp. 64-65, 2017년 7월
[2] 배진용 외 1명, "테슬라(TESLA) 전기자동차 핵심 기술동향", 전력전자학회 논문지, Vol 22, No 5, pp 414-422, 2017년 10월
[3] https://www.teslamotors.com/supercharger
[4] Energy density, https://en.wikipedia.org/wiki/Energy_density
[5] TESLA Motors Inc., Patent US9080068, May. 2015.
[6] TESLA Motors Inc., Patent US7489057, Feb. 2009.
[7] TESLA Motors Inc., Patent US7579725, Aug. 2009.
[8] TESLA Motors Inc., Patent US8881552, May. 2016.
[9] TESLA Motors Inc., Patent US7741750, Jun. 2010.
[10] TESLA Motors Inc., Patent US8122590, Feb. 2012.
[11] TESLA Motors Inc., Patent US8154166, Apr. 2012.
[12] TESLA Motors Inc., Patent US8154167, Apr. 2012.
[13] 김헌수, "이중 농형 특성을 갖는 외측 회전형 유도전동기에 관한 연구", 한국해양대학교 박사학위논문, pp. 13-17, 2002년 2월

부록3. 전력전자학회 학술지 논문

* 2017년 10월호 전력전자학회 논문지
『자동차에서의 전력전자 기술 동향』 특집논문 우수추천 논문게재

테슬라(TESLA) 전기자동차 핵심 기술동향

배진용[†], 김 용[1]

The Core Technical Trends of TESLA EV(Electric Vehicle) Motors

Jin-Yong Bae[†] and Yong Kim[1]

Abstract

This paper reviews the core technical trends of TESLA EV Motors. The TESLA EV Motors is explosively popular with a considerable recharging infrastructure, a wide 17-[inch] touch display, 417 [HP], and 378 [km] going distance. The object of this study analyzes the body appearance, motor and, battery cooling system, battery arrangement, battery management system, super charging station, power electronics, and induction motor.

Key words: TESLA Motors, EV(Electric Vehicle), Patent, Design, motor and battery cooling system, Battery arrangement, BMS(Battery Management System), Super charging station, IM(Induction Motor)

1. 서 론

현재 대부분의 도로에서는 가솔린 또는 경유차가 달리고 있으며, 이로 인하여 아직도 많은 사람들은 최초의 자동차에 대해서 가솔린 자동차라고 오해하시는 분들이 많은 것 같다. 하지만, 분명한 것은 최초의 자동차는 완전 무(無)공해 자동차인 전기자동차였다. 세계 최초의 전기자동차는 1824년 헝가리의 발명가 앤요스 제드릭(Ányos Jedlik)이 자신이 발명한 전기모터를 적용하여 전기자동차 개발을 세계 최초로 시도하였다.

1800년대 중반 이후에 다양한 발명가가 전기자동차 개발에 뛰어들었고, 대표적으로 영국의 토마스 파커(Thomas Parker) 및 미국의 알버트 포프(Albert A. Pope) 등이 실질적으로 전기자동차 상용화에 성공하여 유럽과 미국에서 전기자동차의 대중화를 위하여 노력하였다.

1880년대 이후에 세계적인 발명왕인 토마스 에디슨(Thomas Edison)은 전기자동차 및 전기철도와 관련하여 총 48건의 특허를 발명하였으며, 충·방전이 가능한 2차 전지에 관하여 총 135건의 특허를 발명 및 상용화하였다. 에디슨의 이러한 노력으로 인하여 1900년대 초반에는 미국 자동차의 약 38%가 전기자동차였으며, 전기자동차는 휘발유 자동차와 거의 어깨를 나란하게 하였다[1].

하지만, 1908년 자동차 왕인 헨리 포드(Henry Ford)가 자동차 대량 생산 시스템인 포드 시스템(Ford System)을 발명하여 가솔린 자동차의 혁명을 이루었고, 1920년 미국 텍사스(Texas)에서 원유가 발견됨으로 인하여 전기자동차는 약 70년 이상 역사 속에서 그 이름이 완전히 사라지게 되었다.

1990년대 미국 캘리포니아(California) 주(州)에서는 환경오염을 개선하기 위하여 배기가스 제로법(ZEV: Zero Emission Vehicle)을 제정(制定)하였으며, 이를 개기로 1996년 세계적인 미국의 자동차 기업인 GM(General Motors)社는 시속 130 [km](최고속도 150 [km])/ 1회 충전에 110 내지 130 [km]의 주행이 가능한 전기자동차 EV1을 양산하였고, 1996년부터 2000년까지 미국에서 800대의 전기자동차 EV1을 상용화하여 전기자동차 운전자에게 큰 호응을 얻었다. 하지만, 전 세계의 메이저(Major) 석유 및 자동차 업체는 캘리포니아(California) 주(州) 정부를 압박하며, 동시에 전기자동차의 문제점을 언론에 노출함으로 인하여 2003년 배기가스 제로법(ZEV)은 철폐(Abolish law) 되었고, 이를 개기로 2005년 GM社는 EV1의 생산라인을 철수하여 전기자동차 사업을 완전히 정리하게 되었다[2].

2005년 GM社의 전기자동차인 EV1이 모두 폐차되는

Paper number: TKPE-2017-22-5-6
Print ISSN: 1229-2214 Online ISSN: 2288-6281
[†] Corresponding author: bjy@cspatent.kr, Changsung Patent & Law Firm
Tel: +82-2-6250-3010 Fax: +82-2-6250-3056
[1] Dept. of Electronic Engineering, Dongguk University
Manuscript received July 25, 2017; revised Sep. 6, 2017; accepted Sep. 13, 2017
― 본 논문은 2017년 전력전자학술대회 우수추천논문임

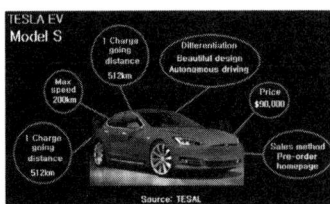

Fig. 1. Key performance of TESLA EV model S.

Fig. 2. Tesla EV model S driver's seat.

Fig. 3. Tesla EV frunk(left) and trunk(right).

그 순간, 테슬라(TESLA)社의 앨론 머스크(Elon Reeve Musk)는 최고급 전기자동차의 출시를 준비하고 있었고, 2006년 7월부터 세상에서 가장 아름다운 2인승 스포츠카 로드스터(Roadster, 현재 생산 및 판매 중단), 모델 S(자가용), 모델 X(SUV) 및 모델 3(중·저가)을 출시함으로서 진 세계적으로 전기자동차 열풍(熱風)을 일으키고 있다.

드디어 2017년 3월에는 경기도 하남 스타필드에 대한민국 1호 테슬라(TESLA) 자동차 매장의 오픈(Open)을 시작으로 이제 한국에서도 본격적으로 전기자동차의 시대가 열려지게 되었다.

본 연구에서는 현재 전 세계에서 전기자동차 돌풍을 일으키고 있는 테슬라(TESLA) 전기자동차의 핵심 기술 동향에 대하여 살펴보고자 한다. 이를 위하여 테슬라(TESLA)社의 핵심 기술 및 노하우가 담겨있는 2017년 4월까지 등록된 총 158개의 등록 특허(特許) 및 디자인(Design) 문헌을 검토하였다. 이를 바탕으로 5대 테슬라(TESLA) 기술인 (1)전기자동차의 차체(車體) 외관, (2)모터(Motor) 및 배터리 냉각 기술, (3)배터리 배치 및 배터리 관리 시스템(BMS), (4)배터리 급속 충전기 기술, 및 (5)유도전동기(IM) 및 전력변환 기술에 대하여 구체적으로 살펴보고, 현재 테슬라(TESLA) 전기자동차가 돌풍(突風)을 일으키는 원인을 집중적으로 분석하고자 한다.

2. 본 론

2.1 테슬라(TESLA)의 인기 비결 및 특허기술 현황

현재 전 세계에서 테슬라(TESLA) 전기자동차가 인기를 누리는 가장 큰 이유는 자동차의 개념을 완전하게 변화시킨 신(新)개념의 자동차이기 때문이다. 기존의 자동차는 단순하게 사람 및 물건을 이동시키는 운송 수단에 불과하지만, 테슬라(TESLA) 전기자동차는 바퀴달린 움직이는 스마트폰(Smart-Phone)으로 성공적으로 자동차의 개념을 변신시키고 있다.

그림 1은 테슬라(TESLA) 전기자동차 모델 S의 주요 사양(Spec.)을 나타내고 있으며, 그림 2 및 그림 3은 테슬라(TESLA) 전기자동차의 운전석, 프렁크(Frunk: Front+Trunk의 합성어) 및 트렁크를 나타낸다.

표면적으로 테슬라(TESLA)社는 전기자동차의 최대 약점인 주행거리 및 출력(파워)을 엄청나게 향상시켰다. 1회 충전 주행거리를 최대 512 [km](한국정부 공인 378 [km])까지 최대시켰으며, 동시에 최대출력 417 [HP], 최고시속 250 [km] 및 제로백(0~100 [km/h] 도달시간) 4.4 [Sec]를 보이고 있다. 더불어 운전석 바로 옆에는 시각성이 탁월한 17 [inch] 터치(touch) 디스플레이를 통하여 차량 전체의 상태를 체크(Check) 및 제어할 수 있으며, 배터리 상태, 이미지 센서, 블랙박스(Black Box), 인터넷 및 네비게이션(Navigation) 및 자율주행 운전 등을 모두 통합적으로 제어할 수 있으며, 자동차에 짐을 넣을 수 있는 새로운 수납공간인 프렁크(Frunk)를 만들어 전방 충격을 가장 흡수하고, 동시에 가장 넓은 수납공간을 가진 자동차를 만들게 되었다.

그림 4는 전 세계 테슬라 슈퍼충전소를 나타내고 있다. 전기자동차의 가장 큰 단점은 리튬-이온 배터리의 에너지 저장밀도의 한계로 인하여 주행거리가 짧다는 것이다. 이 문제를 해결하기 위하여 주행거리를 고려한 수많은 충전소의 확충은 필수적이다. 테슬라(TESLA) 전기자동차의 인기의 이유는 급속충전(40분 이내, 현재는 20분까지 충전시간 단축시킴)이 가능한 슈퍼충전소를 미국과 서유럽 곳곳에 상당히 확충하였으며, 중국, 일본 및 멕시코, 호주, 대만, 아랍에미리트(UAE)의 대도시 및 고속도로를 중심으로 슈퍼충전소를 구축하고 있다. 그리고 이제는 대한민국에도 슈퍼충전소가 14개 이상으로

Fig. 4. Tesla Super Charging Station[3].

TABLE I
PATENT STATUS OF TESLA EV

Section	Detailed Tech.	US Registered patent	Ratio
Tech. 1	Body Appearance of EV	44	27.8%
Tech. 2	Battery Management System(BMS)	28	17.7%
Tech. 3	Motor and Battery Cooling Tech.	27	17.1%
Tech. 4	Battery Placement Tech	25	15.8%
Tech. 5	power electronics, and induction motor(IM)	13	8.2%
Tech. 6	Battery Charger Tech.	11	7.0%
Tech. 7	EV Control Tech.	5	3.2%
Tech. 8	Overcurrent Protection tech	4	2.5%
etc.	Communication between Cars	1	0.7%
Total		158	100.0%

설치 중에 있다[3].
 테슬라(TESLA)社는 전기자동차의 주행거리 및 출력을 향상시켰으며, 17 [inch] 터치(touch) 디스플레이를 통한 전기자동차의 통합제어, 프렁크(Frunk)의 설치 및 전 세계 최다(最多)의 슈퍼충전소 인프라(Infra) 구축을 통하여 돌풍(突風)을 일으키고 있다.
 하지만, 2013년 3월 테슬라(TESLA)社는 가격이 1억원 이상의 고가(高價) 전기자동차(모델 S, 모델 X)가 아닌 1/2 정도의 저렴한 전기자동차인 모델 3을 발표하였다. 모델 3은 최고의 가성비(價性比)를 가지며, 저렴한 유지비용으로 인하여 더욱 폭발적인 인기를 누리고 있으며, 사전예약이 40만대를 넘어서고 있다.
 이러한 테슬라(TESLA)社 미국, 유럽, 일본, 중국 등을 중심으로 전 세계에 특허를 출원하고 있으며, 2017년 4월까지 미국에 총 158건의 특허를 등록하였다. 아래의 표 1은 2017년 4월까지 등록된 158건의 미국 등록 특허의 8가지 기술 현황을 나타낸다.

Fig. 5. TESLA EV exterior design patent USD683268[4].

Fig. 6. TESLA EV exterior design patent USD775005[5], USD775006[6], and USD780653[7].

Fig. 7. TESLA EV wheel design patent USD669008[8], USD660219[9], USD766802[10], and USD774435[11].

 이제 세계적인 돌풍을 일으키는 테슬라(TESLA) 전기자동차의 5대 핵심 기술동향에 대하여 보다 구체적으로 살펴보겠다.

2.2 핵심기술1 : 전기자동차의 차체(車體) 외관
 테슬라(TESLA) 전기자동차는 무엇보다 차체(車體) 외관이 많은 운전자를 설레게 할 정도로 아름다운 것을 가장 큰 특징으로 한다. 이렇게 테슬라(TESLA)의 독특한 아름다움에 대해서 테슬라(TESLA)社는 모두 디자인 및 특허를 통하여 독점적으로 그 권리를 보호하고 있으며, 전체 등록특허 중에서 27.8%를 차지할 정도로 가장 많은 부분을 차지하는 기술이라고 할 수 있다. 테슬라(TESLA)社는 테슬라의 독특한 이미지를 지식재산권(IP: Intellectual Property)로 보호하기 위한 전략을 사용하였다. 이렇게 자사(自社)의 고유한 이미지를 만드는 전략을 트레이드 드레스(Trade Dress)라고 하며, 타사(他社)의 제품과 구별되는 자사(自社)만의 독특한 외관, 모양, 형상 및 이미지를 의미하며, 테슬라(TESLA)社는 이를 위하여 가장 집중적으로 노력한 것으로 분석된다.
 그림 5 내지 그림 11은 테슬라(TESLA) 전기자동차의 외관 및 충전기 형상을 나타낸다.

TABLE II
ENERGY DENSITY COMPARISON OF GASOLINE AND LITHIUM-ION BATTERY[33]

Section	Gasoline	Lithium-ion Battery	Gap
Weight(1kg)	46MJ	0.7MJ	65.71 times
Volume(1L)	36MJ	2.23MJ	16.14 times

Fig. 8. TESLA EV door design patent USD678154[12].

Fig. 9. TESLA EV charger connector design patent USD694188[13], and US8579635[14].

Fig. 10. TESLA EV external charger connector patent US8720968[15].

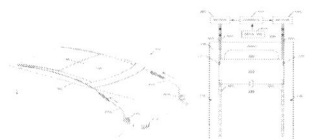

Fig. 11. TESLA EV sunroof patent US8708404[16], US8807642[17], US8807643[18], and US8807644[19].

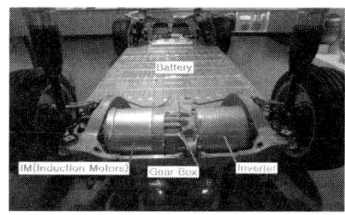

Fig. 12. TESLA EV structure.

테슬라(TESLA)社는 전기자동차의 차체(車體) 외관 [4-7], 바퀴 휠(Wheel)[8-11]에 테슬라(TESLA)의 독특한 트레이드 드레스(Trade Dress)를 성공적으로 입혔다. 더불어 마치 독수리(Falcon)가 날개를 펴는 형상의 모델 X의 전기자동차의 문(Falcon wing)[12], SF 영화의 외계인 ET를 닮은 충전기 커넥터[13] 및 심지어 전기자동차의 선루프[16-19]까지 테슬라(TESLA)社는 테슬라다운 이미지를 디자인과 특허로 등록받음을 통하여 자사(自社)의 고유한 브랜드(Brand)에 독특한 이미지를 트레이드 드레스(Trade Dress)로 담는데 가장 성공한 전기자동차 기업이라고 분석된다.

2.3 핵심기술2 : 모터(Motor) 및 배터리 냉각기술

일반적으로 화석연료(휘발유 및 경유) 자동차와 비교하여 전기자동차의 가장 큰 약점은 출력이 약하다는 것이다.

표 2는 휘발유와 리튬-이온 배터리의 에너지 밀도를 비교한 것이다. 현재 리튬-이온 배터리 성능이 상당히 발전했지만, 무게 기준으로 휘발유의 약 1/65배, 부피 기준으로 휘발유의 약 1/16배의 엄청난 차이를 보이고 있다. 즉 아직까지 전기자동차의 주행거리의 한계는 바로 리튬-이온 배터리가 저장하는 에너지 밀도의 한계에 기인한다고 할 수 있을 것이다.

더불어 전기자동차의 또 다른 가장 큰 약점은 화석연료(휘발유, 경유)를 사용하는 엔진과 비교하여 전기 모터의 출력이 상당히 약하다는 것이다.

일반적으로 중형차는 약 100 [HP], 대형차는 약 200 [HP], 스포츠카는 300 내지 400 [HP] 이상임을 감안하면, 전기자동차는 100 [HP] 이상의 고(高)출력을 발생시키기가 매우 어렵다. 그 이유는 100 [HP]의 모터 길이가 약 90 내지 100 [cm]의 길이를 감안하면, 300 [HP] 이상의 모터의 경우 일정(一定) 길이의 자동차의 폭에 들어가기 어려운 가장 근본적인 문제점이 있었다.

테슬라(TESLA) 전기자동차는 이러한 문제점을 혁신적으로 극복했으며, 약 100 [HP]의 유도전동기를 사용하여 최대 출력이 417 [HP]이라는 경의(敬意)적인 출력을 내는 세계에서 가장 강력한 전기자동차가 되었다.

그림 12 및 그림 13은 테슬라(TESLA) 전기자동차의 구조를 나타내고 있다. 테슬라(TESLA) 전기자동차는 로재 자동차의 바닥을 이루는 배터리, 유도전동기(IM), 전동기 구동을 위한 인버터(Inverter) 및 속도를 가변(可變)시키는 기어박스(Gear Box)로 구성되어 있다.

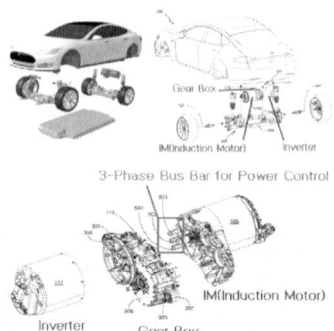

Fig. 13. TESLA EV structure patent US9030063[21].

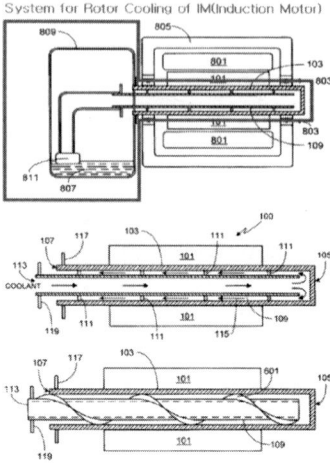

Fig. 14. TESLA EV stator and rotor cooling patent US9030063[21].

그림 14 및 그림 15는 테슬라(TESLA) 유도전동기(IM)의 고정자 및 회전자 냉각 시스템을 나타낸다. 테슬라(TESLA)社는 약 100 [HP]의 유도전동기(IM)를 사용하여 최대 4배 이상의 출력을 발생시킬 수 전기자동차를 발생했으며, 그 핵심은 유도전동기(IM)에서 히스테리시스(Hysteresis) 및 와전류(Eddy current) 손실로 인하여 발생하는 고정자 및 회전자의 열을 가장 효과적으로

Fig. 15. TESLA EV rotor cooling patent US7489057[22], US7579725[23], and US9031552[24].

냉각(冷却)시키는 기술이다.

바로 테슬라(TESLA)社가 전기자동차의 심장인 모터를 회전자에 영구자석이 박혀있는 영구자석 동기전동기(PMSM: Permanent Magnet Synchronous Motor)를 선택하지 않고, 유도전동기(IM)를 채택한 가장 큰 이유는 바로 회전자의 속을 파내고 냉각(冷却)시키기 위한 것으로 분석된다.

테슬라(TESLA)社를 제외한 전 세계 다른 전기자동차 회사는 제어특성이 우수한 영구자석 동기전동기(PMSM)를 주력 모터로 선택하였다. 하지만, 테슬라(TESLA)社는 전기자동차 출력의 한계를 극복하는 발상의 전환으로 회전자 냉각(冷却) 기술을 채택했으며, 회전자가 알루미늄 다이캐스팅(Aluminum Diecasting)된 유도전동기(IM)의 경우, 제어 성능은 다소 떨어지지만, 회전자를 파내고, 냉매(Coolant)를 흐르게 함으로서, 우수한 냉각(冷却) 특성을 가질 수 있었다. 그래서 이러한 냉각(冷却) 기술을 기반으로 유도전동기(IM)의 파워(Power)를 혁신적으로 향상시키기에 가장 좋은 전기자동차의 모터(Motor)이라고 할 수 있을 것이다. 따라서 테슬라(TESLA)社의 회장 앨론 머스크(Elon Musk)는 그들이 출시한 전기자동차를 유도전동기(IM)의 세계 최초 발명가인 니콜라 테슬라(Nikola Tesla, 1866년-1943년)의 이름에서 "테슬라(TESLA)"로 명명(命名)하고, 그

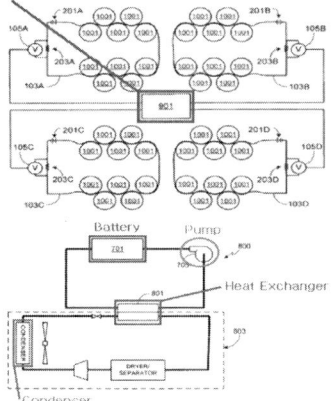

Fig. 16. TESLA EV battery cooling patent US8154256[25], and US8263250[25].

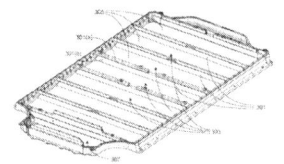

Fig. 17. TESLA battery pack(left) and 18650 battery(right) battery pack patent US8268469[27], and US8263038[28] (bottom).

들의 혁신을 회사의 이름 속에서 나타내었다.

특히 테슬라(TESLA)社 미국특허 US9030063[21], US7489057[22], US7579725[23] 및 US0331552[24]는 유도전동기(IM)의 출력을 향상시키기 위한 냉각(冷却) 기술에 관한 특허로서 가장 핵심적인 기술로 분석된다.

테슬라(TESLA)社의 미국특허 US9030063[21]에는 유도전동기(IM)의 고정자 외부에 냉매(Coolant)가 흐를 수 있는 냉각(冷却) 통로와 유도전동기(IM)의 회전자 중심을 꿰내어 냉매(Coolant) 통해서 회전자의 열을 빼내는 냉각(冷却) 기술을 제안하고 있다. 또한, 테슬라(TESLA)社의 미국특허 US7489057[22], US7579725[23] 및 US9331552[24]에는 유도전동기(IM)의 회전자 냉각(冷却) 시스템에 대한 가장 핵심기술을 소개하고 있다. 유도전동기(IM)의 회전자 중심을 꿰내어, 회전 가능한 핀(Fin)이 있는 튜브(Tube)를 배치하고, 먼저 냉매(Coolant)가 튜브(Tube)의 중심에 유입(流入)되고, 튜브(Tube) 외측(外側)의 핀(Fin)을 통하여 회전자의 열을 외부로 전달시키는 것을 가장 핵심적인 기술로 제안하고 있다.

테슬라(TESLA) 전기자동차는 약 100 [HP]의 유도전동기(IM)를 사용하여 최대 출력 417 [HP]를 발생시키는 비결(秘訣)은 바로 유도전동기(IM)의 고정자 및 회전자 냉각(冷却) 기술이며, 특히 그 중에서 회전자 냉각(冷却) 기술[22]-[24]은 테슬라(TESLA)社만의 가장 독보적인 기술로서, 유도전동기(IM)가 가지는 파워(Power)의 한계를 뛰어넘는 최고의 기술이라고 할 수 있을 것이다.

그림 16은 테슬라(TESLA)社의 배터리 냉각 시스템을 나타낸다. 테슬라(TESLA) 전기자동차는 약 7000여개

이상의 18650 리튬-이온 배터리를 사용하고 있으며, 배터리 폭발방지 및 보호를 위하여 배터리의 열 관리가 핵심적인 기술이다. 이를 위하여 배터리의 전압, 전류 및 온도를 검출하며, 배터리를 통합적으로 냉각(冷却)시키는 냉각(冷却)시스템에 대하여 미국특허 US8154256[25], 및 US8263250[26]으로 등록받아서, 테슬라(TESLA) 전기자동차의 안정성을 향상시켰다.

2.4 핵심기술3 : 배터리 배치 및 배터리 관리 시스템(BMS)

테슬라(TESLA)社는 전 세계 자동차 기업 중에서 유도전동기(IM)를 사용하고 있으며, AAA건전지처럼 생긴 18650 리튬-이온 배터리를 유일하게 사용하고 있다. 특히 18650 리튬-이온 배터리는 일반적으로 노트북 또는 휴대용 가전제품의 배터리로 사용되는 것이며, 다른 전기자동차 회사는 박스(Box)형 리튬이온 배터리를 사용하는 것과 차별화되며 테슬라(TESLA)社는 약 7000여개 이상의 18650 리튬-이온 배터리를 사용하고 있다.

그림 17은 테슬라(TESLA) 전기자동차의 배터리 팩(Pack) 및 18650 리튬-이온 배터리를 나타내며, 그림 18은 BMS(battery management system)를 나타낸다.

테슬라(TESLA)社는 휘발유와 비교하여 에너지 밀도가 상당히 낮은 리튬-이온 배터리의 한계(限界)를 절실하게 인식하고, 배터리의 용량을 최대로 하며, 동시에 자동차 충격시 안정성을 극대화하는 설계방안을 채택하였다. 테슬라(TESLA)社는 전기자동차의 배터리 배치에 있어서, 아주 단순하고 최고의 핵심기술을 가진 것으로 분석된다. 테슬라(TESLA)社의 배터리 배치와 관련된 최고의 핵심기술은 (1) 18650 리튬-이온 배터리를 수직(垂直)으로 배치시키는 것[26]이고, (2) 7000 여개의 18650 리튬-이온 배터리 팩(Pack)의 주변을 강관으로 감싸며, 전기자동차의 바닥에 배치시키는 것[27]-[28]이다.

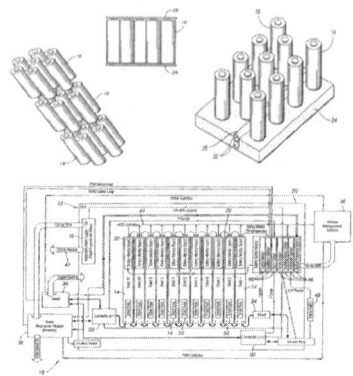

Fig. 18. TESLA BMS patent US7433974[29].

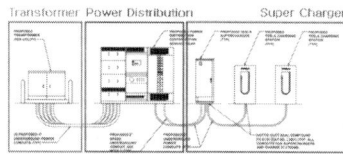

Fig. 19. TESLA super charger structure[30].

TABLE III
TESLA SUPER CHARGER SPECIFICATION[30]

Section	Charge Specification
Input Voltage	AC 200~480[V]
Input Current	280A @200-240VAC / 160A@480VAC
frequency	50 또는 60 Hz
Output Voltage	DC 40~410[V]
Output Current	Max. 210[A]
temperature	-30℃ ~ 50℃
weight	1320Lbs / 600Kg

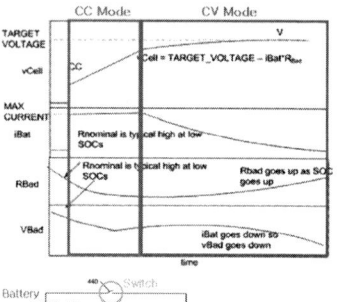

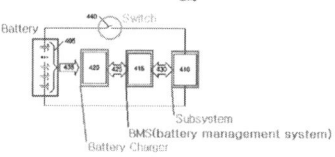

Fig. 20. TESLA super charger patent US8754614[31], and US8970182[32].

이를 통하여 테슬라(TESLA) 전기자동차는 전 세계의 모든 자동차 중에서 가장 무게 중심이 낮은 장점이 있으며, 동시에 자동차 충돌 사고에서 배터리를 안정적으로 보호할 수 있게 되었다. 더불어 7000 여개의 18650 리튬-이온 배터리의 충·방전 특성이 일부 상이하기 때문에 특정(特定) 배터리에 과(過)충전 및 과(過)방전을 방지하기 위하여 7000 여개의 배터리를 14 내지 17개의 배터리 셀(Cell)로 나누어서 각 배터리 셀(Cell)이 거의 비슷하게 충전 및 방전되도록 제어하는 BMS(battery management system) 기술을 미국특허 US7433974[29]로 등록받았다.

테슬라(TESLA) 전기자동차의 배터리 배치 및 BMS(Battery Management System) 기술은 전기자동차의 무게 중심을 가장 낮추며, 400 [HP] 이상의 강력한 출력에서 안정적인 전기자동차 주행을 가능토록 하였으며, 동시에 충돌사고에서도 배터리 안정성을 극대화하는 기술로 평가할 수 있다.

2.5 핵심기술4 : 배터리 급속 충전기 기술

그림 19 및 표 3은 테슬라 슈퍼 충전소의 구조 및 주요 스펙(Spec.)을 나타낸다.

테슬라(TESLA)社는 테슬라 전기자동차 모델 S 및 모델 X 운전자에게 슈퍼 충전소 이용을 무료로 제공하는 테슬라(TESLA)社의 정책을 추진하고 있다. 무엇보다 테슬라(TESLA) 전기자동차 완속(緩速) 충전시간은 약 7~8시간이며, 급속(急速) 충전시간은 현재 20분까지 단축시켰다. 그림 20은 테슬라(TESLA)社의 슈퍼 충전기에 관한 기술을 나타낸 것이다. 테슬라(TESLA) 슈퍼 충전기는 배터리 셀을 약 80~90%까지 가장 빠른 시간에 충전시키기 위하여 전력전자 기술을 이용하여 정전류(CC: Constat Current) 모드 충전시간을 가장 최대로 하는 기술을 제안하였다.

이를 통하여 리튬-이온 배터리의 약 80~90%까지 가장 빠른 시간에 충전시키는 정전류(CC: Constat Current) 모드 충전을 수행하고, 그 후에 남은 약 20~10%의 잔여 충전을 위한 정전압(CV: Constant Voltage)

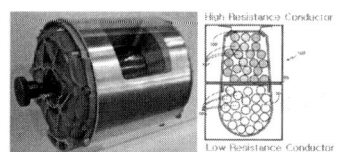

Fig. 21. TESLA model S IM(Induction Motor)(left) and IM patent US8122590[33], and US8154166[34](right).

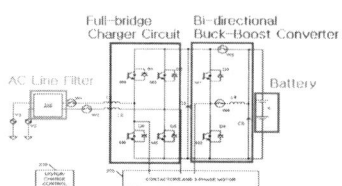

Fig. 22. TESLA power electronics patent US8493002[35], and US8638069[36].

모드 충전을 수행하는 것을 기술적 특징으로 한다.
테슬라(TESLA)社는 배터리 교환(Battery Change) 방식과 급속 충전기(Super Charger) 기술 중에서 현재는 급속 충전 기술을 자사(自社) 충전방식으로 채택했으며, 현재 최소 20분의 급속충전 시간을 5분까지 단축시키기 위하여 지속적으로 연구개발 중에 있다.

2.6 핵심기술5 : 유도전동기 및 전력변환 기술

테슬라(TESLA) 전기자동차의 5대 기술 중에서 마지막 유도전동기(IM) 및 전력변환 기술이다.
그림 21은 테슬라(TESLA) 전기자동차 모델(Model) S의 유도전동기(IM) 및 슬롯(Slot) 단면을 나타낸다. 테슬라(TESLA)社는 미국 등록특허 US8122590[33] 및 US8154166[34]를 통하여 3상(Phase) 4극(Pole)의 유도전동기를 사용하고 있으며, 특히 기동(機動) 토크의 향상을 위하여 이중농형(Double squirrel case)과 심구농형(Deep bar rotor)을 결합시켜 새로운 방식의 테슬라(TESLA) 유도전동기를 제안하였다.
이중농형은 유도전동기(IM)에서 고정자의 슬롯(Slot)이 2중(2층)의 구조로 되어있으며, 초기에 기동전류를 줄이고, 큰 기동토크를 얻는 기술이며, 심구농형은 유도전동기(IM)에서 슬롯(Slot)이 깊은 구조로 형성되어 기동 및 정기가 빈번하게 일어나는 경우 냉각(冷却) 효과가 우수한 기술이다.
자동차는 기본적으로 기동 및 정지가 빈번하며, 전기자동차의 출력(Power)을 극대화하기 위하여 유도전동기(IM) 냉각(冷却) 기술이 필수적이다.
테슬라(TESLA)社는 초기에 기동전류를 줄이고, 큰 기동토크를 얻는 이중농형의 장점과, 냉각(冷却) 효과가 우수한 심구농형의 장점을 결합하여, 새로운 유도전동기(IM)의 이중 권선배치(Dual Layer)를 미국 등록특허 US8122590호[33], US8154166호[34]로 등록하였다.
이를 통하여 기동(機動) 토크는 회전자 저항에 비례하며, 기동(機動)시 저항이 높은 상부도체로 흐르는 전류에 의해서 (1) 큰 기동(機動) 토크가 생성되며, (2) 기동(機動) 전류를 줄이며, 동시에 (3) 냉각(冷却)이 우수한 새로운 테슬라(TESLA) 유도전동기(IM)를 제안하였다.
이를 통하여 2016년 8월에 발표한 테슬라 모델(Model) S P100D의 경우 제로백 0~100[km] 도달하는 시간이

최소 2.5 [Sec]라는 루디크로스(Ludicrous, "터무니없는"이라는 의미임) 모델을 성공적으로 발표하게 되었다.
테슬라(TESLA) 유도전동기(IM)의 고정자 및 회전자 냉각 기술[31]-[33]과 유도전동기(IM)의 슬롯(Slot) 상에 이중 권선배치(Dual Layer) 기술[33]-[34]로 인하여, 고(高)출력 가솔린 자동차에서도 달성하기 매우 어려운 제로백(0~100 [km/h] 도달시간) 2.5 [Sec](루디크로스 모델)를 도달 할 수 있는 것으로 분석된다.
그림 22는 테슬라(TESLA) 전기자동차의 전력변환 회로를 나타낸다. 테슬라(TESLA) 전기자동차는 풀-브리지(Full-Bridge) 방식의 배터리 충전 회로를 통하여 교류(AC) 전원에서 배터리 충전을 수행하며, 양방향(Bi-directional) 승·강압 컨버터를 이용하여 유도전동기(IM)에서 회생되는 에너지를 배터리로 전달하는 시스템을 완성하였고, 미국 등록특허 US8493002[35] 및 US8638069[36]로 등록하였다.
테슬라(TESLA) 전기자동차는 배터리 배치[27]-[29], BMS(Battery Management System) 기술[29], 배터리 냉각 기술[25]-[26], 배터리 급속 충전기 기술[31]-[32] 및 전력변환 기술[35]-[36]이 서로 협조하여 차량의 주행성능 향상과 동시에 배터리의 안정성을 극대화한 것으로 분석된다.

3. 결 론

본 연구에서는 158건의 테슬라(TESLA)社 미국 등록 특허 문헌을 바탕으로 현재 전 세계에서 전기자동차 열풍(熱風)을 일으키고 있는 테슬라(TESLA) 전기자동차의 핵심 기술동향에 대하여 살펴보았다. 구체적으로 5대 테슬라(TESLA) 핵심 기술인 (1)전기자동차의 차체(車體) 외관, (2)모터(Motor) 및 배터리 냉각 기술, (3)배터리 배치 및 배터리 관리 시스템(BMS), (4)배터리 급속 충전기 기술, (5)유도전동기(IM) 및 전력변환 기술에 대하여 구체적으로 분석하였다. 이를 통하여 전기자동차가 가지는 근본적인 한계를 신선한 발상의 전환을 통하여 극복하여 세계적인 자동차 기업으로 급성장하는 테슬라(TESLA)社의 기술에 대하여 집중적으로 고찰하였다.
본 연구에서 소개한 테슬라(TESLA) 전기자동차의 도

전적인 기술개발 현황을 우리정부, 기업 및 대학이 참고하여 미래의 핵심적인 운송수단인 전기자동차에 대하여 원천기술 개발 및 원천특허 확보를 위한 집중적인 투자가 더욱 절실하게 필요한 것으로 생각된다.

References

[1] J. Y. Bae, "Thomas edison's dream, footsteps and edison DNA," *Thehasim Publisher Book*, pp. 69-81, Feb. 2017.
[2] Y. U. Jeong. "Electric vehicle(second edition)," *GS Intervision Publisher Book*, pp. 38-39, Aug. 2013.
[3] https://www.teslamotors.com/supercharger
[4] TESLA Motors Inc., Design Patent USD683268, May. 2013.
[5] TESLA Motors Inc., Design Patent USD775005, Dec. 2016.
[6] TESLA Motors Inc., Design Patent USD775006, Dec. 2016.
[7] TESLA Motors Inc., Design Patent USD780653, Mar. 2017.
[8] TESLA Motors Inc., Design Patent USD669008, Oct. 2012.
[9] TESLA Motors Inc., Design Patent USD699219, May. 2012.
[10] TESLA Motors Inc., Design Patent USD766802, Sep. 2016.
[11] TESLA Motors Inc., Design Patent USD774435, Dec. 2016.
[12] TESLA Motors Inc., Design Patent USD678154, Mar. 2013.
[13] TESLA Motors Inc., Design Patent USD694188, Nov. 2013.
[14] TESLA Motors Inc., Patent US8579635, Nov. 2013.
[15] TESLA Motors Inc., Patent US8720968, May. 2014.
[16] TESLA Motors Inc., Patent US8708404, Apr. 2014.
[17] TESLA Motors Inc., Patent US8807642, Aug. 2014.
[18] TESLA Motors Inc., Patent US8807643, Aug. 2014.
[19] TESLA Motors Inc., Patent US8807644, Aug. 2014.
[20] Energy density, https://en.wikipedia.org/wiki/Energy_density
[21] TESLA Motors Inc., Patent US9030063, May. 2015.
[22] TESLA Motors Inc., Patent US7489057, Feb. 2009.
[23] TESLA Motors Inc., Patent US7579725, Aug. 2009.
[24] TESLA Motors Inc., Patent US9331552, May. 2016.
[25] TESLA Motors Inc., Patent US8154256, Apr. 2012.
[26] TESLA Motors Inc., Patent US8263250, Sep. 2012.
[27] TESLA Motors Inc., Patent US8268469, Sep. 2012.
[28] TESLA Motors Inc., Patent US8293393, Oct. 2012.
[29] TESLA Motors Inc., Patent US7433974, Oct. 2008.
[30] http://www.teslamotorsclub.com/showwiki.php?title=Supercharger
[31] TESLA Motors Inc., Patent US8754614, Jun. 2014.
[32] TESLA Motors Inc., Patent US8970182, Mar. 2015.
[33] TESLA Motors Inc., Patent US8122590, Feb. 2012.
[34] TESLA Motors Inc., Patent US8154166, Apr. 2012.
[35] TESLA Motors Inc., Patent US8490032, Jul. 2013.
[36] TESLA Motors Inc., Patent US8638069, Jan. 2014.

배진용(裵辰容)
1975년 8월 17일생. 1998년 동국대 전기공학과 졸업. 2002년 동 대학원 전기공학과 졸업(석사). 2005년 동 대학원 전기공학과 졸업(공박). 2008년 충남대 특허법무학과 졸업(법학석사). 2005년 8월~2016년 12월 특허청 전기분야 특허심사관(사무관). 2016년 12월~현재 창성특허법률사무소 변리사.

김 용(金 龍)
1957년 3월 20일생. 1981년 동국대 전기공학과 졸업. 1994년 동 대학원 전기공학과 졸업(공박). 1995년~현재 동국대 전기공학과 교수.

부록4. 한국모바일학회 우수논문상 수상

* 2017년 11월 한국모바일학회 추계학술대회 우수논문상

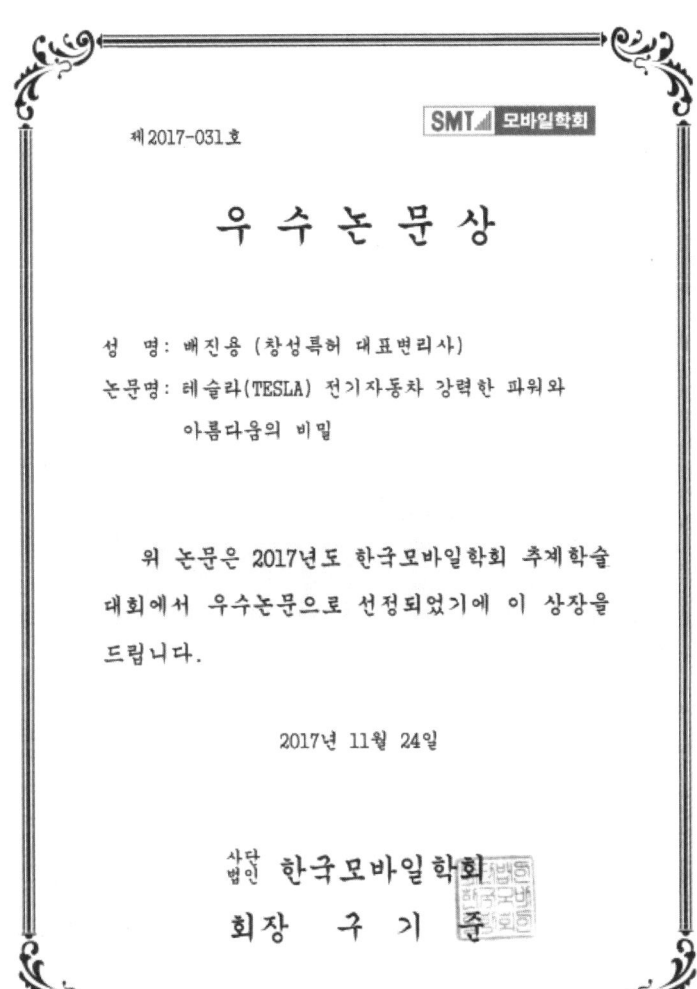

창성(昌盛) 특허

대한민국 최고의 전기회로, 전력변환, 전기기계 및 전기자동차 분야 전문로펌

TEL: 02-6250-3010
www.cspatent.kr

특허청 전기회로, 전력변환 심사관경력 11년/ 전기공학 박사

대표변리사와 소속 직원이 가장 전문분야만 집중합니다.

1) 전기회로 분야
- 전원공급장치 회로
- 가전제품의 회로
- 전기 자동차 및 자전거 회로
- 세그웨이(Segway) 회로
- 신재생 에너지 전력회로
  (풍력, 태양광발전, 연료전지 등)
- 산업용 전기회로
- 정밀기계 제어회로
- 충전기 회로
- 과전압/ 과전류 보호회로
- 조명 회로
- 역률개선(PFC) 회로
- 접지(Ground) 회로
- LED Dimming(조명제어) 회로
- CCFL 회로
- EEFL 회로
- 유도가열 회로
- 대기전력 회로
  (Standby Power) 등

2) 전력변환 분야
- 컨버터(Converter)
  : DC-DC, AC-DC
- 인버터(Inverter) : DC-AC
- 벡터(Vector) 제어
- 무정전 전원공급장치(UPS)
- 능동 전력필터(APF)
  (APF : Active Power Filter)
- 역률개선
- 멀티레벨 인버터/ 컨버터
- 무선전력전송
  (Wireless Power)
- 매트릭스(Matrix) 컨버터
- HVDC
  (High Voltage Direct Current)
- 에너지 저장(ESS)
- 전력용 반도체(Power Device)
  (MOSFET, IGBT, IGCT, SCR)
  등

3) 전기기계 분야
- 유도(Induction) 기기
- 동기(Synchronous) 기기
- 직류(Direct Current) 기기
- 영구자석 동기전동기(PMSM)
- 브러시리스 모터(BLDC)
- 스위치드 릴럭턴스 모터(SRM)
- 리니어(Linear) 모터
- 스탭핑(Stepping) 모터
- 초음파 모터
- 변압기
- 초전도 전력기기 등

4) 전기자동차 분야
- 하이브리드 전기자동차(HEV)
- 마이크로 하이브리드 전기자동차
- 소프트 하이브리드 전기자동차
- 하드 하이브리드 전기자동차
- 플러그인 하이브리드 전기자동차
  (PHEV)
- 배터리 전기자동차(BEV)
- 연료전지 전기자동차(FCEV)
- 모터 냉각 시스템
- 배터리 냉각 시스템
- 배터리 배치 기술
- 배터리 관리 시스템(BMS)
- 급속 및 완속 충전기
- 슈퍼충전기(Super Charger)
- 과전압, 과전류, 과온도 보호기술
- 차량 전장기술 등

공학박사/ 변리사
에디슨-테슬라
전문 연구가
배 진 용

◇ 연락처
- TEL: 02-6250-3010
- FAX : 02-6250-3055
- E-mail : bjy@cspatent.kr
- 사무실 : 지하철 2호선 서초역
  1번출구 30미터 앞 오퓨런스 빌딩
  7층 712호

전기자동차 배터리 테스터 장비 NHR9300 시리즈

**9300 Series
High-Voltage Battery Test System**

전기자동차 배터리 계측 분야의 새로운 패러다임과 합리적인 가격을 제시하며, 고객의 니즈에 완벽한 솔루션을 제공합니다.

◆ **NHR 모델 9300 시리즈 주요 스펙(Spec.)**

- ❖ 1개의 배터리 테스터 캐비닛으로 테슬라 전기자동차 모델 S P100D
  100[kW]급 배터리 슈퍼충전기(Supercharger) 테스터 가능
  - 최대전압 측정범위 : 1200[V] & 167[A]
  - 최대전류 측정범위 : 333[A] & 600[V]   (100[kW] 1개 테스터 장비 기준)
- ❖ 최대 12개의 배터리 테스터 캐비닛 연결 가능
  - 최대 12.000[kW]/4,000[A]까지 배터리 테스터 가능
- ❖ 모델 9300 테스터기 효율 : 90% 이상
- ❖ 전류모드/ 전압모드 변화시간 : 2[mSec] 이내
- ❖ 디스플레이 내장, 터치패드, LabVIEW & IVI Drivers

 **Model 9300 200kW Battery Tester (100[kW]*2)**

서울시 구로구 디지털로29길 38, 1106 (에이스테크노타워3차)
Tel 02.897.6655   Fax 02.897.6652   email n4l@n4l.co.kr

N4L   Newtons4th korea

정가 12,000원

**테슬라 전기자동차
강력한 파워와 아름다움의 비밀**

2017년 09월 28일 초판 인쇄
2017년 10월 10일 초판 발행
2017년 12월 10일 제2판 발행
저　자 : 배 진 용
발행처 : 더하심 출판사
주　소 : 서울시 서초구 서초대로 254 오퓨런스 빌딩 7층 712호
등　록 : 2016년 08월 31일, 제307-2016-43호
전　화 : 02-6250-3011
ISBN : 979-11-959873-4-4

※ 낙장 및 파본은 본사나 구입처에서 교환하여 드립니다.
※ 판권 소유에 위배되는 사항(인쇄, 복제, 제본)은 법에 저촉됩니다.